示范户游牧时期的住房

示范户全家

示范户的新疆细毛羊

示范户的春秋放牧场

示范户的简易羊圈

示范户的夏牧场

课题组在春秋场调查

课题组在示范户家中调查了解情况

课题组在春秋场春季调查测产

课题组成员与示范户全家

课题组成员与示范户家老人

课题组成员在夏场示范区

用牛往春秋场示范区转运围栏材料

山区没有路，用牛转运围栏材料

在示范区安装围栏

课题组成员在示范区安装气象设备

课题组成员在示范区安装气象设备

气象专家调试气象设备

在围栏草场固定的饮水槽

在夏牧场安装的划区轮牧围栏

在春秋场安装的划区轮牧围栏

春秋场安装的铁制围栏

在春秋场安装的扣笼

给示范户引进的德国美利奴种公羊

羊群从春秋场往夏场转

核定进入夏场围栏区放牧的羊群

羊群在进入夏场围栏小区

羊群在夏牧场划区轮牧

羊群在春秋场围栏小区春季放牧

羊群在春秋场饮水

课题组在夏场示范区监测牧草高度

课题组在夏场示范区监测牧草盖度

测定夏场示范区扣笼内牧草

课题组在夏场休牧区监测

课题组在夏场羊群出场后监测

在春秋场春季测定牧草盖度

课题组在春秋场秋季监测

课题组在夏场采集气象数据

课题组在夏场采集土壤分析样品

课题组定期采集气象数据

新疆畜牧科学院草业研究所李学森所长在夏场
气象观测点检查工作

课题组在春秋场采集气象数据

课题组给进示范区放牧的羊编号

课题组给羊打耳标

课题组用杆称测羊体重

课题组用电子秤测羊体重

课题组在定居点用电子秤测羊体重

课题组在夏场测产和取土样

夏场定期测羊体重及称羊前的准备

课题组成员贠静在夏场观测羊的牧食行为

课题组成员贠静在春秋场观测羊的牧食行为

课题组成员侯钰荣在春秋场观测羊的牧食行为

课题组成员朱昊在春秋场观测羊的牧食行为

春秋场春季采样

课题组在示范户定居点采集人工生产的牧草分析样品

课题组在住地整理土壤样品

采集的天然草场混合牧草分析样品

采集的土壤分析样品

课题组在水渠处理土壤样品

课题组在进行土壤样品晾晒

夏场休牧试验区

示范户细毛羊在夏场划区轮牧

示范户羊群在夏场最后一个月放牧

羊群在夏场放牧结束时的植被景观

春秋场春季植被景观

重度放牧小区（重度放牧试验）

退化草地松土补播改良

补播红豆草改良的草地

补播苜蓿改良的草地

天然草地施肥改良

施肥改良的草地

秋季牧民在改良草地打草

示范户种植的苏丹草

示范户种植的青贮玉米

示范户种植的紫花苜蓿

机械收割青贮玉米

示范推广青贮玉米播前拌种

示范推广青贮玉米新品种

采用化学农药清除天然草地毒害草

示范户制作青贮玉米

制作好的青贮玉米

示范户在开窖取喂青贮玉米

示范户在定居点建设的草棚

细毛羊在定居点冬季舍饲

课题组在示范户定居点开展细毛羊冷季舍饲试验

产下的改良细毛羊羊羔

产下的改良细毛羊双羔

在定居点暖圈产的细毛羊早冬羔吃代乳料

改良细毛羊羔羊早期断奶育肥（三月龄）

改良细毛羊羔羊短期断奶育肥试验（五月龄）

改良的细毛羊在春秋场放牧

在定居点改良细毛羊冷季舍饲

在定居点改良细毛羊冷季舍饲

建立的家庭牧场细毛羊改良效果

示范户在定居点修建的住房

细毛羊在定居点暖圈冷季舍饲

中国农业大学张英俊教授来示
范户定居点检查指导工作

中国农业大学张英俊教授到阿什里示范区
指导工作

中国农业大学黄顶教授到春秋场检查围栏安装

中国农业大学黄顶教授到夏场检查指导工作

新疆畜牧科学院草业研究所李学森所长陪同
中国农业科学院草原研究所王育青书记到阿
什里示范区检查工作

在天山夏牧场新疆畜牧科学院草业研究所贠静
给中国农业科学院草原研究所王育青书记介绍
情况

中国农业科学院草原研究所王育青书记
到阿什里示范区进行课题检查

中国农业大学张英俊教授等陪同在
春秋场与示范户

中国农业大学黄顶教授到夏牧场检查指导工作

中国农业大学张英俊教授到新疆畜牧科学院
草业研究所指导工作

内地专家来新疆开展专业技术交流

课题组在昌吉市阿什里乡举办草畜平衡
技术培训班

课题组对牧民进行实用技术培训

内地专家来新疆专业技术交流

外国专家来新疆专业技术交流

新疆举办中澳草地管理学术研讨会

课题组参加在北京召开的课题年度总结会

课题组成员贠静在年度总结会上汇报课题进展

在北京召开的课题启动会

在北京启动会上农业部领导与项目主持单位成员

中国农业大学张英俊教授为项目首席专家，在年度总结会上讲话

新疆畜牧科学院、新疆农业大学、中国农业科学院草原研究所专家在研讨课题任务

新疆畜牧科学院任玉平研究员在研讨会上发言

新疆畜牧科学院、新疆农业大学、中国农业科学院草原研究所召开片区总结会

北坡家庭牧场

草畜平衡配套技术研究与示范

任玉平　李学森　主编

中国农业科学技术出版社

图书在版编目（CIP）数据

天山北坡家庭牧场草畜平衡配套技术研究与示范 / 任玉平，李学森主编．—北京：中国农业科学技术出版社，2015.10
ISBN 978-7-5116-2157-3

Ⅰ．①天…　Ⅱ．①任…②李…　Ⅲ．①退化草地-生态系-研究-新疆　Ⅳ．①S812.3

中国版本图书馆 CIP 数据核字（2015）第 139695 号

责任编辑　贺可香
责任校对　马广洋

出 版 者　中国农业科学技术出版社
　　　　　北京市中关村南大街 12 号　邮编：100081
电　　话　（010）82109705（编辑室）　（010）82109702（发行部）
　　　　　（010）82109703（读者服务部）
传　　真　（010）82106625
网　　址　http://www. castp. cn
经 销 者　各地新华书店
印 刷 者　北京富泰印刷有限责任公司
开　　本　710 mm×1 000 mm　1/16
印　　张　12.75　　彩页　20 面
字　　数　250 千字
版　　次　2015 年 10 月第 1 版　2015 年 10 月第 1 次印刷
定　　价　78.00 元

《天山北坡家庭牧场草畜平衡配套技术研究与示范》编委会

主　　编： 任玉平　李学森

副 主 编： 侯钰荣　負　静　朱　昊　易　华

参编人员： 魏　鹏　陈　强　加娜提·玛纳特　武　坚

沙依拉·沙尔合提　文小平　柯　梅　宋跃武

王新平　於建国　郑逢令　张学洲　兰吉勇

黄　军　赵　炎　努尔加列力　石智明

殷桂涛　董婉珍　哈哈慢·胡尔班

前　言

从2000年以来，全国牧区在推行草畜平衡中探索和尝试了很多有效做法，归纳起来，基本步骤大致为：第一步，落实完善草地家庭承包经营，将草地承包到户。第二步，进行草地产草量的调查测算和每个牧户草地载畜量的核定。以牧户为单位，通过测算牧户所承包草地的牧草产量和其他途径获得饲草料的数量，计算理论载畜量，核定每个牧户在一定时期内能够饲养的牲畜数量，并逐户清点牲畜数量，确定能够饲养的牲畜头数。第三步，与牧户签订草畜平衡责任书。责任书包括草地的所有者、承包经营者、承包经营草地状况、现有不同畜种数量及折算成绵羊单位、超载头数、过冬畜上限、草畜平衡的具体措施和其他有关草畜平衡事项等内容，由草地所有者、承包经营者、乡镇政府和草原监理部门共同签订。这些具体内容及量化指标提高了实施草畜平衡管理的可操作性。一些地方为了进一步体现公平、公正、公开的原则，在签订责任书之前，还召开群众大会予以公示，便于牧民积极配合、互相监督。第四步，实行监督管理确保草畜平衡措施的落实。在签订责任书后，主要由各地草原监理部门与乡镇政府配合，检查落实草畜平衡的情况。对于草地超载的牧户采取包括限期强制出栏、经济处罚、直至收回草地使用权等处罚措施。为使草畜平衡制度得到群众支持，保证这一制度的顺利实施，各地还利用广播、电视、报刊、群众会、散发材料等多种形式，广泛宣传超载过牧带来的危害及可持续发展的深远意义，增强了大家的忧患意识，提高了广大干部群众对实施草畜平衡制度重要性的认识。有些地方，还采取了将草畜平衡与政府投资建设项目相结合，与围栏封育、禁牧、休牧、轮牧等措施相结合的办法，加快了草畜平衡进程。总体来看，由于草畜平衡作为一项预防和遏制草地退化的政策和法规提出的时间不长，全国各地草畜平衡仍处于起步阶段。

本课题是在建立家庭牧场，实施草畜平衡基础上，应用草地家畜承载力监测技术、草地家畜生产结构优化技术、草地家畜营养平衡技术、控制放牧技术、天然草地与人工饲草料地配置技术、退化草地改良技术，结合新疆实际，建立了天山北坡家庭牧场草畜平衡配套技术示范。该示范主要包括定居牧民家庭牧场的细毛羊专业化生产实用技术集成；细毛羊暖季放牧—冷季舍饲；天然草地划区轮牧、休牧、禁牧；人工饲草料基地高产栽培；肉毛兼用细毛羊改良；细毛羔羊育肥；退化草地改良等内容，课题的实施可为实现新疆现代草地畜牧业提供技术支撑。

本书的编写出版，得到了国家科技支撑计划“重点牧区‘生产生态生活’配套保障技术集成与示范/2012BAD13B00”项目中“新疆荒漠干旱绿洲草原区‘生产生态生活’保障技术集成与示范/2012BAD13B03”课题中“新疆草原牧区生态保护利用与牧民定居区饲草料生产保障技术研究与示范”研究任务和“重点牧区草原‘生产生态生活’配套保障技术及适应性管理模式研究2012BAD13B07”课题中“新疆天山北坡草原牧区‘生产生态生活’配套保障技术与适应性管理研究”研究任务的资助。新疆维吾尔自治区科技厅、畜牧厅、昌吉市草原站和昌吉市阿什里哈萨克民族乡政府在课题执行期间给予了大力支持，在此一并表示诚挚的感谢。书中缺点和不足之处敬请读者提出宝贵意见。

编著者

2015年3月于新疆维吾尔自治区乌鲁木齐

目　　录

第一章　天山北坡概况 ………………………………………………………… (1)
第一节　天山北坡自然概况 ……………………………………………… (1)
一、地理位置 ……………………………………………………………… (1)
二、气候特征 ……………………………………………………………… (1)
三、地质地貌 ……………………………………………………………… (2)
四、土壤类型 ……………………………………………………………… (3)
五、水文条件 ……………………………………………………………… (4)
六、生物多样性 …………………………………………………………… (4)
七、天然草地 ……………………………………………………………… (8)
第二节　天山北坡经济社会概况 ………………………………………… (12)
一、经济概况 ……………………………………………………………… (12)
二、社会概况 ……………………………………………………………… (14)
第二章　天山北坡家庭牧场草畜平衡配套技术研究与示范 ……………… (15)
第一节　研究的指导思想 ………………………………………………… (15)
一、研究的针对性 ………………………………………………………… (15)
二、采用的技术路线 ……………………………………………………… (17)
三、国内外同类研究动态 ………………………………………………… (17)
四、主要研究内容与成果 ………………………………………………… (19)
第二节　研究方法 ………………………………………………………… (20)
第三节　试验示范区现状 ………………………………………………… (20)
一、试验示范区简介 ……………………………………………………… (20)
二、试验示范户简介 ……………………………………………………… (21)
三、试验示范区示意图 …………………………………………………… (22)

第四节　关键技术与创新点 …………………………………………………（23）
一、关键技术 ……………………………………………………………（23）
二、创新点 ………………………………………………………………（23）
第五节　研究中存在的问题与建议 ……………………………………（24）
一、存在的问题 …………………………………………………………（24）
二、建议 …………………………………………………………………（24）
第三章　天山北坡春秋场春季细毛羊放牧压试验示范 …………………（26）
第一节　试验示范目的与意义 …………………………………………（26）
第二节　试验示范区概况 ………………………………………………（26）
一、地理位置与面积 ……………………………………………………（26）
二、地形与地貌 …………………………………………………………（27）
三、草地植被和土壤 ……………………………………………………（27）
四、气候 …………………………………………………………………（27）
第三节　试验设计与试验方法 …………………………………………（27）
一、试验设计 ……………………………………………………………（27）
二、试验方法 ……………………………………………………………（27）
三、样地设置 ……………………………………………………………（28）
四、气候监测 ……………………………………………………………（28）
第四节　结果与分析 ……………………………………………………（29）
一、不同放牧强度对春秋场春季植物群落数量特征的影响 ……………（29）
二、不同放牧强度对春秋场春季植物群落主要物种重要值的影响 ……（29）
三、不同放牧强度对春秋场春季地下生物量的影响 ……………………（31）
四、不同放牧强度对土壤的影响 ………………………………………（31）
五、不同放牧强度对细毛羊体重的影响 …………………………………（35）
第五节　结论与讨论 ……………………………………………………（36）
一、结论 …………………………………………………………………（36）
二、讨论 …………………………………………………………………（37）
第四章　天山北坡夏场细毛羊放牧压试验示范 …………………………（38）
第一节　试验示范的目的与意义 ………………………………………（38）
第二节　试验示范区概况 ………………………………………………（39）
一、地理位置与面积 ……………………………………………………（39）

二、地形与地貌 …………………………………………………………… (39)
三、草地植被 ……………………………………………………………… (39)
四、土壤 …………………………………………………………………… (39)
五、气候 …………………………………………………………………… (39)
第三节　试验设计与试验方法 …………………………………………… (40)
一、试验设计 ……………………………………………………………… (40)
二、试验方法 ……………………………………………………………… (40)
第四节　结果与分析 ……………………………………………………… (41)
一、降水量 ………………………………………………………………… (41)
二、不同牧压下草地植被变化 …………………………………………… (41)
三、不同牧压对土壤的影响 ……………………………………………… (42)
四、不同牧压下放牧羊体重的变化 ……………………………………… (46)
第五节　结论与讨论 ……………………………………………………… (47)
一、结论 …………………………………………………………………… (47)
二、讨论 …………………………………………………………………… (48)
第五章　天山北坡春秋场秋季细毛羊放牧压试验示范 ………………… (49)
第一节　试验示范目的与意义 …………………………………………… (49)
第二节　试验示范区概况 ………………………………………………… (49)
一、地理位置与面积 ……………………………………………………… (49)
二、地形与地貌 …………………………………………………………… (50)
三、草地植被和土壤 ……………………………………………………… (50)
四、气候 …………………………………………………………………… (50)
第三节　试验设计与试验方法 …………………………………………… (50)
一、试验设计 ……………………………………………………………… (50)
二、试验方法 ……………………………………………………………… (50)
第四节　结果与分析 ……………………………………………………… (51)
一、降水量和月均温 ……………………………………………………… (51)
二、不同牧压下草地植被变化 …………………………………………… (51)
三、不同牧压下草地土壤变化 …………………………………………… (54)
四、不同牧压下牧食行为监测 …………………………………………… (56)
五、不同牧压下放牧羊体重和体尺变化 ………………………………… (56)

第五节　结论与讨论 …………………………………………………………（57）
一、结论 …………………………………………………………………（57）
二、讨论 …………………………………………………………………（59）
第六章　天山北坡细毛羊冷季舍饲试验示范 ……………………………（60）
第一节　试验示范目的与意义 ……………………………………………（60）
第二节　试验示范区概况 …………………………………………………（60）
一、地理位置 ……………………………………………………………（60）
二、气候 …………………………………………………………………（60）
第三节　试验设计与试验方法 ……………………………………………（61）
一、试验设计 ……………………………………………………………（61）
二、试验方法 ……………………………………………………………（61）
第四节　舍饲基础设施建设 ………………………………………………（61）
一、青贮设施 ……………………………………………………………（61）
二、草料储备设施建设 …………………………………………………（61）
三、暖圈设施 ……………………………………………………………（62）
第五节　试验示范结果 ……………………………………………………（62）
一、细毛羊体重测定 ……………………………………………………（62）
二、试验示范结果分析 …………………………………………………（62）
第六节　结论与讨论 ………………………………………………………（63）
一、结论 …………………………………………………………………（63）
二、讨论 …………………………………………………………………（64）
第七章　天山北坡试验示范区草地承载力监测 …………………………（65）
第一节　草地生产力动态监测 ……………………………………………（65）
一、山地草原化荒漠生产力动态监测 …………………………………（65）
二、山地草甸生产力动态监测 …………………………………………（67）
第二节　草地可食性牧草采食规律与营养动态监测与评价技术 ………（69）
第三节　结论与讨论 ………………………………………………………（70）
一、结论 …………………………………………………………………（70）
二、讨论 …………………………………………………………………（71）
第八章　天山北坡家畜生产结构优化技术示范 …………………………（72）
第一节　研究目的及意义 …………………………………………………（72）

第二节　2009—2012 年家畜结构及数量调查 …………………………… (72)
第三节　2009—2012 年家畜结构及数量的变化率 ……………………… (73)
第四节　草地载畜量的核算及配置 ……………………………………… (74)
第五节　结论 ……………………………………………………………… (76)
一、品种改良技术 ……………………………………………………… (76)
二、围栏和轮牧技术 …………………………………………………… (76)
三、家畜结构的配置 …………………………………………………… (76)
四、细毛羊年龄结构的配置 …………………………………………… (76)
第九章　天山北坡草地植物群落季节营养物质含量的变化研究 ……………… (77)
第一节　研究目的及意义 ………………………………………………… (77)
第二节　研究区概况 ……………………………………………………… (77)
第三节　试验设计 ………………………………………………………… (78)
一、试验设计 …………………………………………………………… (78)
二、取样方法 …………………………………………………………… (78)
三、数据处理 …………………………………………………………… (79)
第四节　结果与分析 ……………………………………………………… (79)
一、春秋场春季放牧前后粗蛋白、粗脂肪的变化 …………………… (79)
二、夏季放牧前后粗蛋白、粗脂肪的变化 …………………………… (79)
三、春秋场秋季放牧前后粗蛋白、粗脂肪的变化 …………………… (80)
四、春秋场春季放牧前后 NDF 和 ADF 的变化 ……………………… (81)
五、夏季放牧前后 NDF 和 ADF 的变化 ……………………………… (81)
六、春秋场秋季放牧前后 NDF 和 ADF 的变化 ……………………… (81)
七、春秋场春季放牧前后 Ca 和 P 的变化 …………………………… (82)
八、夏季放牧前后 Ca 和 P 的变化 …………………………………… (83)
九、春秋场秋季放牧前后 Ca 和 P 的变化 …………………………… (84)
第五节　结论与讨论 ……………………………………………………… (85)
一、结论 ………………………………………………………………… (85)
二、讨论 ………………………………………………………………… (85)
第十章　天山北坡控制放牧利用技术示范 ………………………………… (87)
第一节　适宜载畜率的确定 ……………………………………………… (87)
第二节　休牧时间的确定 ………………………………………………… (88)

一、试验区简介 ………………………………………………………………（88）
二、试验设计与试验方法 ……………………………………………………（88）
三、结果与分析 ………………………………………………………………（88）
四、结论与讨论 ………………………………………………………………（89）
第三节　禁牧区监测 …………………………………………………………（90）
一、禁牧区概况 ………………………………………………………………（90）
二、禁牧区布局与监测方法 …………………………………………………（91）
三、监测结果 …………………………………………………………………（91）
四、禁牧时间的确定 …………………………………………………………（92）
第十一章　天山北坡家庭牧场天然草地与人工饲草料地配置示范 …………（94）
第一节　试验示范目的与意义 ………………………………………………（94）
第二节　试验示范家庭牧场概况 ……………………………………………（94）
一、天然草地分布与面积 ……………………………………………………（94）
二、人工草地现状 ……………………………………………………………（95）
三、家畜发展现状 ……………………………………………………………（95）
第三节　研究方法 ……………………………………………………………（96）
第四节　研究结果 ……………………………………………………………（97）
一、天然草地面积、产草量、载畜量 ………………………………………（97）
二、天然草地畜种畜群结构优化配置 ………………………………………（97）
三、人工饲草料地配置方案 …………………………………………………（98）
第五节　结论与讨论 …………………………………………………………（99）
第十二章　家庭牧场人工饲草料丰产栽培示范……………………………（101）
第一节　目的和意义……………………………………………………………（101）
第二节　试验示范区概况………………………………………………………（101）
一、地理位置……………………………………………………………………（101）
二、气候条件……………………………………………………………………（102）
三、饲草料种植面积……………………………………………………………（102）
第三节　青贮玉米栽培试验示范………………………………………………（102）
一、栽培技术……………………………………………………………………（102）
二、试验示范结果………………………………………………………………（103）
第四节　苜蓿栽培试验示范……………………………………………………（104）

一、栽培技术……………………………………………………………………（104）
二、示范结果……………………………………………………………………（104）
第五节　苏丹草栽培试验示范……………………………………………………（105）
一、栽培技术……………………………………………………………………（105）
二、试验示范结果………………………………………………………………（105）
第六节　结论……………………………………………………………………（106）
第十三章　天山北坡细毛羊羔羊育肥试验示范…………………………………（107）
第一节　试验目的与意义…………………………………………………………（107）
第二节　试验区概况………………………………………………………………（107）
第三节　试验材料…………………………………………………………………（108）
一、试验示范羊来源与分组……………………………………………………（108）
二、饲草料来源…………………………………………………………………（108）
三、试验设计……………………………………………………………………（108）
第四节　试验结果与分析…………………………………………………………（111）
一、体重变化与体尺变化………………………………………………………（111）
二、屠宰测定……………………………………………………………………（111）
三、经济效益初步分析…………………………………………………………（112）
第五节　结论与讨论………………………………………………………………（113）
一、结论…………………………………………………………………………（113）
二、讨论…………………………………………………………………………（113）
第十四章　天山北坡家庭牧场草畜平衡配套技术研究与示范效益评价……（114）
第一节　基本概况…………………………………………………………………（114）
一、示范户基本情况……………………………………………………………（114）
二、数据的采集与统计…………………………………………………………（114）
三、课题其他信息………………………………………………………………（114）
第二节　评价方法…………………………………………………………………（115）
第三节　综合效益评价……………………………………………………………（115）
一、经济效益评价………………………………………………………………（115）
二、社会效益评价………………………………………………………………（122）
三、生态效益评价………………………………………………………………（123）
第四节　评价结果…………………………………………………………………（124）

第五节　分析与讨论……………………………………………………………………（124）
第十五章　天山北坡中山带退化山地草甸草原补播改良试验研究…………（125）
第一节　试验区概况……………………………………………………………………（125）
一、地理位置与面积……………………………………………………………………（125）
二、地形与地貌…………………………………………………………………………（125）
三、草地植被……………………………………………………………………………（126）
四、土壤…………………………………………………………………………………（126）
五、气候…………………………………………………………………………………（126）
第二节　试验设计与试验方法…………………………………………………………（126）
一、试验设计……………………………………………………………………………（126）
二、试验方法……………………………………………………………………………（126）
三、测定方法……………………………………………………………………………（127）
第三节　试验结果………………………………………………………………………（127）
一、补播牧草生育期观测………………………………………………………………（127）
二、试验区牧草测定结果………………………………………………………………（127）
三、试验区混合牧草营养分析结果……………………………………………………（128）
第四节　效果分析………………………………………………………………………（128）
一、草地质量评价分析…………………………………………………………………（128）
二、牧草营养成分变化分析……………………………………………………………（129）
三、草地产量变化分析…………………………………………………………………（129）
四、投入与产出分析……………………………………………………………………（129）
第五节　结论与讨论……………………………………………………………………（130）
一、结论…………………………………………………………………………………（130）
二、讨论…………………………………………………………………………………（130）
第十六章　天山北坡中山带退化山地草甸补播改良试验研究………………（131）
第一节　试验区概况……………………………………………………………………（131）
第二节　试验设计与试验方法…………………………………………………………（132）
一、试验设计……………………………………………………………………………（132）
二、试验方法……………………………………………………………………………（132）
三、测定方法……………………………………………………………………………（132）
第三节　试验结果………………………………………………………………………（133）

一、补播改良结果……………………………………………………………（133）
二、混合牧草营养分析结果……………………………………………………（133）
第四节　效果分析……………………………………………………………（134）
一、草地质量评价分析…………………………………………………………（134）
二、牧草营养成分变化分析……………………………………………………（134）
三、草地产量变化分析…………………………………………………………（135）
四、投入与产出分析……………………………………………………………（135）
第五节　结论与讨论…………………………………………………………（136）
一、结论………………………………………………………………………（136）
二、讨论………………………………………………………………………（136）
第十七章　天山北坡醉马草清除试验与示范……………………………………（137）
第一节　禾本科醉马草的生态—生物学特性及中毒反应……………………（137）
一、生态学特性…………………………………………………………………（137）
二、生物学特性…………………………………………………………………（137）
三、家畜中毒症状与反应………………………………………………………（138）
第二节　禾本科醉马草的清除措施与方法……………………………………（139）
一、利用化学药物清除醉马草…………………………………………………（139）
二、机械翻耕清除醉马草………………………………………………………（142）
三、人工挖除醉马草……………………………………………………………（143）
第三节　清除醉马草的效益分析………………………………………………（143）
一、经济效益……………………………………………………………………（143）
二、社会效益与生态效益………………………………………………………（144）
第四节　体会…………………………………………………………………（144）
一、广泛宣传提高广大牧民、干部对清除醉马草的认识……………………（144）
二、化学药剂清除醉马草应选择内吸性、高效、低毒的药剂………………（144）
三、清除醉马草应采用综合措施………………………………………………（145）
第五节　存在的问题与醉马草的开发利用……………………………………（145）
一、存在的问题…………………………………………………………………（145）
二、醉马草的开发利用…………………………………………………………（146）
第十八章　天山北坡中山带草地施肥示范……………………………………（147）
第一节　自然条件和应用方法…………………………………………………（147）

第二节 示范面积与效果……………………………………………………（148）
一、施肥的草地类型与面积………………………………………………（148）
二、施肥效果………………………………………………………………（148）
第三节 结论与问题………………………………………………………（149）
第十九章 新疆天山北坡草畜平衡模式………………………………（150）
第一节 试验示范区概况…………………………………………………（150）
一、试验示范区概况………………………………………………………（150）
二、试验示范户草地概况…………………………………………………（151）
第二节 新疆天山北坡草地畜牧业发展面临的问题……………………（152）
一、靠天养畜，四季游牧为典型特征的自然经济生产方式还
没有改变…………………………………………………………………（152）
二、人地矛盾、人畜矛盾、畜草矛盾突出………………………………（152）
三、舍饲圈养条件不具备，牧民定居配套设施不完善…………………（152）
四、基础设施投入不足，以水利为基础的饲草料基地建设
严重滞后…………………………………………………………………（153）
第三节 新疆天山北坡草畜平衡模式研究与建立………………………（153）
一、天山北坡春秋场春季细毛羊放牧压试验示范………………………（153）
二、天山北坡夏场细毛羊放牧压试验示范………………………………（153）
三、天山北坡春秋场秋季细毛羊放牧压试验示范………………………（154）
四、天山北坡细毛羊冷季舍饲试验示范…………………………………（154）
五、天山北坡试验示范区草地承载力监测………………………………（155）
六、天山北坡家畜生产结构优化技术示范………………………………（155）
七、天山北坡草地植物群落季节营养物质含量的变化研究……………（155）
八、天山北坡控制放牧利用技术示范……………………………………（156）
九、天山北坡家庭牧场天然草地与人工饲草料地配置示范……………（156）
十、家庭牧场人工饲草料丰产栽培示范…………………………………（157）
十一、天山北坡细毛羊羔羊育肥试验示范………………………………（157）
十二、天山北坡家庭牧场草畜平衡配套技术研究与示范综合
效益评价……………………………………………………………（157）
十三、天山北坡中山带退化山地草甸草原补播改良试验研究…………（158）
十四、天山北坡中山带退化山地草甸补播改良试验研究………………（158）

十五、天山北坡醉马草清除试验与示范…………………………………………（158）
十六、天山北坡中山带草地施肥示范……………………………………………（159）
十七、配套设施建设（草场围栏、饮水罐、青贮窖、草料储备库、
饲草料粉碎机械等）…………………………………………………………（159）
第四节　天山北坡示范模式的推广与应用………………………………………（159）
一、做好总体规划是实现草畜平衡管理的前提…………………………………（159）
二、放牧场围栏是控制载畜量的有效措施………………………………………（160）
三、人工饲草料基地建设是实现牲畜冷季舍饲的基本条件，是实现
平原荒漠禁牧区“禁得了”的物质保证…………………………………………（160）
四、饮水设施和转场牧道建设是合理利用放牧场的必要条件…………………（160）
五、草地经营流转应适应草地畜牧业专业化、规模化生产的需要……………（160）
六、草地动态监测要为核定草地载畜量推行草地动态管理提供
科学依据…………………………………………………………………………（161）
七、有针对性实施退化草地改良是提高草地载畜能力的最佳选择……………（161）
八、放牧场合理利用必须强制推行以草定畜和以草配畜管理制度……………（161）
九、优化畜群畜种结构，实施牲畜品种改良和育肥技术是提高
草地生产水平的有效途径………………………………………………………（161）
十、畜牧业技术服务需要面向生产提供先进的实用技术，并把
推行草畜平衡制度纳入到牧区工作的重要议事日程……………………………（162）
第五节　后续研究必要性及设想…………………………………………………（162）
一、必要性……………………………………………………………………………（162）
二、设想………………………………………………………………………………（163）
参考文献……………………………………………………………………………（164）

第一章　天山北坡概况

第一节　天山北坡自然概况

一、地理位置

天山是亚洲中部最大的山系，西起乌兹别克斯坦克孜尔库姆沙漠以东，经哈萨克斯坦和吉尔吉斯斯坦，进入新疆维吾尔自治区（以下简称新疆）境内，渐失于哈密以东的戈壁中。东西长约2 500km，南北宽250～350km；山脉横贯新疆全境，在我国境内绵延1 700km，占总长度的2/3以上，面积约为$57\times10^4km^2$，占新疆总面积的34.5%。天山山脉是南北疆的分水岭，是突起在新疆南北荒漠地面上一条又长又高的绿岛，把新疆分为南部的塔里木盆地和北部的准噶尔盆地，形成了新疆“三山夹两盆”的地貌特征。天山北坡区域是指新疆境内天山分水岭北坡区域以及下游的准噶尔盆地，按照行政区划，从西往东以此分布有伊犁哈萨克自治州直属县（市）、博尔塔拉蒙古自治州、塔城地区的乌苏市和沙湾县、昌吉回族自治州、乌鲁木齐市、哈密地区。

二、气候特征

天山北坡区域之大，高低悬殊，气温变化较大。平均气温为2.5～5.0℃，西部的伊犁河谷年均温7.5℃，东部的哈密地区年均温2℃，年均温东部小于西部。气温随海拔的增高而降低，达到山顶积雪区，年均温最低。山区垂直气候带明显，形成了不同的自然景观，并有着不同的植被和土壤。天山北坡最冷月均出现在1月，最热月在7月，气温日较差较大。天山平均海拔4 000m，突起在新疆南北荒漠带上，拦截了西风带来的大量水汽，是新疆降水最多的地区，约占全疆总雨量的40%，形成干旱区中的湿岛。降水的水汽主要为西风气流携带的大西洋水汽和北冰洋水汽，伊犁河谷降水量较大，平均年降水量达到600～800mm，气候湿润，被誉为“塞外江南”；而东南季风经层叠山岭阻隔，在夏季势力强大时可进入哈密盆地，产生的降水量很小；由于水汽来源的不同，山区降水量的分布也极不均匀，有年降水达1 000mm以上的湿润区，也有年降水量100mm左右的干旱区。一般来说，天山北坡西部多于东部，山区多于平原，迎风坡多于背风坡，降水最大带一般位于中高山地区，盆地为少雨区。

天山北坡山区的逆温层是一个重要的气候资源，特别在冬季，由于特殊的地貌地形而形成的逆温层，在逆温层的保护下冬天相对于平原暖和。灾害性天气：天山东部的风沙大，主要是受蒙古高压的影响，常形成东北风和东风，其他地区均以西北风为主风方向，沿着天山奇台、精河—带常有大风出现，不仅使沙丘移动危害交通农田，而且常使土壤上部覆盖着沙层。此外，天山北坡冬季的积雪和伊犁山地的冰雹常对生产带来不利因素。

三、地质地貌

天山山系横贯于新疆中部，根据整个山系形态特征及构造带的地貌状况，在我国境内的天山西部主要山脉有阿拉套山、博罗霍洛山、伊林哈比尔朵山等山脉。天山中、东部包括博格多山、巴尔库山和巴尔雷克山等山脉，整个山势显得高大陡峻，从西向东逐渐降低。一般山峰高度平均为3 500～4 500m，个别山峰高度可达5 500m以上。

辽阔而复杂的天山山系，夹有许多山间平原和纵向构造谷地，因而把整个山系分隔成数十条山脉和山块。天山是在古代地槽褶皱基础上经历了复杂的地质演变过程而产生的。特别是新生代构造运动，形成了今日隆起的山地地形，我国境内的天山中、西部上升最为强烈，因而山势显得特别高峻。天山西部属于一个陷落的伊犁谷地，基本上呈东西走向，西部较宽敞，向东逐渐变窄，略呈三角形。海拔高度超过3 000m以上。北坡由侏罗纪地层组成，前山和低山丘陵覆盖有黄土。天山中部的高山大部属于加里东构造带；天山山系的古老骨架，主要是奥陶纪和志留纪地层受到强烈挤压变质和剥蚀继而在海西褶皱期普遍发生海侵，在晚古生代时，海底喷发强烈，经后期褶皱隆起，东部与中部不同的山文特征，在于断裂作用和断块相关的错动作用逐渐由西向东增加，东部断裂作用特别明显，另一个明显的特征是中部具有绵亘不断的连脉，而东部的高峰常被广阔平缓的低山所间隔，现代干燥气候的侵蚀和堆积作用，在地貌形成过程中具有重要的地位。

山坡上风化作用较天山任何地区都强烈，山麓广布着巨大的洪积扇，半埋着很多低山和丘陵。

四、土壤类型

天山土壤是在荒漠类型的生物气候条件下发育而成的，反映了相对完整的土壤垂直带谱结构。

高山草甸土分布于天山北坡高山带。年平均气温0～5℃，年降水量400～600mm，成土母质为冰渍物、冰水沉积物或坡积物上的粗骨质或细质土。其上发育高山草甸或部分中生环境的垫状植被，土层较湿润，表层有生草层，向下为灰棕、黑褐色腐殖质层，再向下迅速过渡到基岩，土壤呈酸性或中性。

亚高山草甸土分布于天山亚高山带。年平均气温0～3℃，年降水量400～600mm。成土母质为冰水沉积物、残积物和坡积物。这类土壤发育着山地草甸植被，表层有弱生草化，腐殖质层10～15cm，棕褐色，有机质含量高者可达10%；土层60～80cm下有明显的钙积层。全剖面呈酸性或微碱性反应。

山地灰褐色森林土分布于天山北坡海拔1 600（1 800）～2 700（2 800）m，发育在雪岭云杉下，存在于阴坡，母质为黄土状物质、冰水沉积物和残积—坡积物。地表具枯枝落叶层，有机质含量高达12%～25%，有团粒结构，无灰化现象。剖面下淀积层为浅褐色，黏化明显；60cm以下见团块状结构，剖面上中部微酸性，下部碱性。

山地黑钙土主要分布于伊犁河流域的昭苏盆地，遍布在海拔1 500～1 800（2 000）m的山前倾斜平原和山前丘陵。在天山北坡亦有分布。成土母质以黄土状成土母质为主，发育山地草甸、草甸草原和山地阔叶灌丛，土壤表层草根密集，地表有厚约10cm的生草层，其下为暗灰色或暗灰棕色的腐殖质层，厚度40～50cm。土壤中部或下部有灰黄色钙积层，有机质含量10%～17%；碳酸钙受到淋洗，钙积层出现在80cm以下，碳酸钙含量13%～30%，全剖面呈微碱性反应。

山地栗钙土主要分布在伊犁地区的特克斯、巩乃斯、尼勒克谷地、天山北坡，发育在黄土状母质或坡积物上。年平均气温0～5℃，年降水量300～400mm，植被为山地草原，淡栗钙土上则发育山地荒漠草原。土壤中腐殖质层为暗栗色或淡栗色，有机质含量2%～6%，团块状结构。剖面中下部40～70cm间有明显钙积层，底土有微量石膏，微碱性至碱性反应。其中，暗栗钙土有机质含量3%～6%，淡栗钙土为2%～3%。

山地棕钙土发育在残积、坡积物或黄土状物质上，其分布在天山北坡低山带，发育在山地草原化荒漠植被下。土表有薄结皮和片状结构，腐殖质层薄，系浅灰棕色，有机质含量1%～2%，碳酸钙和石膏聚积的部位较深，位于15～40cm。

山地灰棕漠土分布于天山北坡低山带下部的山地荒漠植被之下，土层较薄，具粗骨质，土表有荒漠结皮，有机质含量<0.5%，剖面表层灰棕色或浅灰色棕色。淡海绵状结构（2～3cm厚），碳酸盐由上向下减少，土壤中砾石背面（向下）有石膏薄膜，有时在30cm以下有石膏晶簇。

五、水文条件

天山山区降水丰富，现代冰川发育，成为众多河流的发源地。据统计共有出山口河流373条，其中，天山北坡251条，南坡122条，河流多数垂直于山脊发育，河流呈南北走向。年径流量达$474\times10^8m^3$，其中，国外入境水量$58\times10^8m^3$，地表水资源量$416\times10^8m^3$，占新疆河流总径流量的53.6%。河流径流量年际变幅小、季节变化大，夏季占年径流量的50%～70%。大多数河流含沙量高，为0.2～10kg/m^3。天山是中国重要的积雪地区之一。年平均积雪深度40～60cm，冬季平均最大积雪贮量超过$1.1\times10^{10}m^3$，高山地区年降雪量在400mm以上，积雪深度在50cm以上；一般山区降雪在200mm以上，积雪深度在20cm以上。冰川也是重要的淡水资源，天山是中国现代冰川最发育地区之一，据统计天山有冰川 9 081条，冰川面积9 235.96km^2，冰储量1 011.748m^3，占中国冰川总储量的22.95%，列第二位。天山冰川受地势、地形及气候条件的综合影响，分布极不平衡，一些山地的冰川规模南坡大于北坡，形态类型齐全，但以大型冰川为主体，雪线多呈东西向平行分布，高度变化平缓。冻土是寒冷气候的产物，高度控制着天山冻土的分布，我国天山地区的高山多年冻土分布总面积$6.3\times10^4m^3$，多年冻土下界最低海拔为2 700m（阴坡）～3 100m（阳坡）。

六、生物多样性

地处荒漠干旱区的天山，由于山地气候多样性的影响，不仅有旱生、超旱生种质基因库，而且有其他生境广泛的中生、湿生、寒生植物种质。特别是优良牧草种质资源非常丰富，世界上著名的优良牧草品种在天山几乎都能找到其野生种和近缘种。植物资源的多样性决定动物资源的多样性，有鉴于此，生物多样性种质基因库是天山宝贵的生物自然资源，也是生物的基础环境条件。

（一）牧草资源

据统计新疆天山的高等植物有菊科、豆科、禾本科、藜科、十字花科、蔷薇科、莎草科、唇形科、百合科、蓼科等约 60 科，1 000多种饲用植物，其中，常见的优良牧草植物 300 多种。世界上公认的优良牧草如羊茅、苇状羊茅、梯牧草、无芒雀麦、鸭茅、草地早熟禾、鹅观草、紫花苜蓿、黄花苜蓿、红花车轴草、西伯利亚驴食豆等，在天山天然草地上均有较大面积的分布。

新疆天山天然草地不仅有数量众多、营养价值高、适口性好的优良牧草，而且由于它们具有多种多样的生态特性、生物学特性及饲用价值，因此，又分别具有适应于不同的自然地理条件、不同利用季节、不同利用方式和适合不同家畜利用的牧草。如羊茅、针茅、冰草、梯牧草、无芒雀麦、鸭茅、高山黄花茅、草地早熟禾、鹅观草、大看麦娘、红花车轴草、西伯利亚驴食豆等禾本科、豆科优良牧草和多种苔草，广泛分布于天山的山地草原、山地草甸草原和山地草甸等类型中。它们是夏牧场、春秋牧场和部分冬牧场牲畜的优良牧草。其中，无芒雀麦、鸭茅、红花车轴草、驴食豆等还是人工草地的主要栽培牧草。

（二）特有牧草资源

在天山特有的植物资源中，具有饲用价值的植物种类也不少，其中，不少属于优良牧草，所占比例较大的禾本科鹅观草属的一些种，它们不仅具有良好的饲用品质，而且还是当地引种、育种的重要种质资源（表 1 –1）。

表 1 –1　新疆天山特有牧草资源统计

科名	属名	种名	分布
禾本科	偃麦草属	芒偃麦草	天山
	鹅观草属	绿穗鹅观草	天山
		光穗鹅观草	天山
		宽叶鹅观草	天山
		林地鹅观草	天山
		新疆鹅观草	天山
豆科	锦鸡儿属	准噶尔锦鸡儿	天山

（三）食用植物资源

野生食用植物是指可直接或间接提供人类食用的野生植物资源，这一类植物在天山天然草地相当丰富，蕴藏量也很大，但目前除了对野生果树资源进行了适当的开发利用外，其他还基本未加利用。

在野生食用植物中，最有利用价值的当属一些木本种类，特别是蔷薇科的新疆野苹果、野杏、樱桃李，以及一些草本如黑果悬钩子、树莓、库页岛悬钩子、石生悬钩子、草莓、刺醋栗、红果山楂等。这类植物的果实多数可直接供人食用，也可加工制做成果汁饮用。这些植物多分布在天山北坡的中山带。

新疆天山的野生维生素植物资源多为一些草本，大多数经煮、炒后即可食用，不仅味道鲜美可口，且具有较高的营养价值。这类植物有扁蓄、皱叶酸模、宽叶荨麻、藜、地肤、反枝苋、马齿苋、荠菜、芝麻菜、鹅绒委陵菜、多种苜蓿、冬葵、田旋花、野薄荷、多种车前、龙蒿、多种蒲公英、苦苣菜等。

新疆天山的野生淀粉、糖类植物有拳蓼、珠芽蓼、短柄蓼、鹅绒委陵菜、野燕麦、冰草、新疆黄精、粗柄独尾草、鸡腿参、多种郁金香、手掌参等。

新疆天山野生蛋白质植物主要为豆科的一些种类，如多种野豌豆、多种香豌豆、黄花苜蓿、白花草木樨等。

新疆天山的野生油料植物也较丰富，可以供人食用的油料植物就有近百种。其中经济价值较大的有野胡桃、野扁桃等，其他如新疆大蒜芥、刺山柑、柳兰、沼生水苏、牛至等，其种子含油量均超过30%，具有一定的利用价值。

（四）药用植物资源

新疆天山的药用植物是祖国医药学宝库的一个重要组成部分。维吾尔族医药在我国少数民族医药学中占有极其重要的地位。由于天山所处的地理位置，复杂的气候条件，使其药用植物与其他省区相比有较大的差异，很多种类属新疆独有。据《新疆维吾尔自治区中药资源名录,》统计，新疆产药用植物有上千种。在众多的药用植物中，蕴藏量大、经济价值及药用价值高的是贝母、麻黄。

贝母是新疆中草药中的一个拳头产品，主要产于天山海拔1 200～1 800m的林区、草原。现已知的有9种，即新疆贝母、伊贝母、草原贝母、黄花贝母。新疆的贝母主要产地是伊犁、博尔塔拉等地，年收购量最高达200多吨。新疆的贝母以其个体大、有效成分高、未受污染而在国内外市场上享有很高的声誉，颇受欢迎。

麻黄是荒漠气候下所形成的一类独特的药用植物资源。在新疆约有10来种，主要分布在石质山地。作为中草药大量收购的主要是木贼麻黄、中麻黄，且以南疆分布最多。

除了上述数量大的中药材外，还有一些独具特色的药用植物，如全国仅新疆有的雪莲花、岩嵩（一枝蒿）、新疆假紫草、多种黄芪、新疆党参均为有名的药用植物。

（五）工业用植物资源

纤维植物是人民日常生活用品和轻纺工业的重要原料。包括纺织、编织、造纸、绳索以及塑料和炸药所用的纤维。新疆天山的野生纤维植物主要鬼见愁锦鸡儿、刺叶锦鸡儿、牛蒡、黄花蒿、冰草、多种赖草、白羊草、雀麦、拂子茅、马蔺等。

（六）野生鞣料植物资源

鞣料（单宁）植物用以提制栲胶、鞣胶，主要用于皮革工业和渔网制造工业，也用作蒸汽锅炉的软水剂。此外，在墨水、纺织印染、石油、化工、医药等工业上，也常用栲胶作原料或重要的材料。

新疆天山的野生鞣料植物有：雪岭云杉、天山酸模、龙牙草、水杨梅、鹅绒委陵菜、金老梅、地榆、高山地榆、高山块根老鹳草、鼠掌老鹳草、地锦、柳兰、越橘、大叶补血草等。

（七）野生芳香油植物资源

芳香油植物是含有芳香挥发油类的植物。这类植物在天然草地中的种类不少，且蕴藏量也很大。这类植物的根、枝、叶含芳香油0.15%～3.5%，主要成分有龙脑乙酯、藏茴香酮、萨田比桧油醇、香草醇、香叫醇、丁香酚、苯乙醇、苯甲醛、香豆素、薄荷脑、留兰香油等几十种，均为日用化工、食品工业制品及医药制品中不可缺少的原料。

新疆天山常见的野生芳香油植物主要有：和兰芹、新疆圆柏、中国石竹、黄花草木樨、野薄荷、留兰香、青兰、密花香薷、牛至、多种荆芥、百里香、新塔花、缬草、千叶蓍、万年蒿、大籽蒿、北艾蒿、土木香、茅香、菖蒲、多种蔷薇、野胡萝卜等。

（八）观赏植物资源

在新疆天山天然草地中，还有许多可供观赏的园林植物。如可作为花圃中栽培的有，石竹科的瞿麦，毛茛科的多种芍药、多种耧斗菜、多种金莲花、多种乌头、多种翠雀花，罂粟科的多种罂粟、新疆元胡，豆科的几种车轴草、多种岩黄芪、驴食豆，柳叶菜科的柳兰，花葱科的花葱等，菊科的多数植物也可作为草花观赏。在单子叶植物中还有许多植物可供观赏，如多种郁金香和鸢尾。还有一类植物亦可作为盆花、盆景进行观赏，这类植物有藜科的小蓬，石竹科的刺叶，虎耳草科的厚叶岩白菜、梅花草，豆科的刺叶棘豆，报春花科的多脉报春花、假报春，兰雪科的多种补血草、多种棱枝草，景天科的小花瓦莲、长叶瓦莲、卵叶瓦莲、紫花瓦松、黄花瓦松等。兰雪科的荒漠地带植物矶松在世界上是插花的重要种类。

（九）蜜源植物资源

在新疆天山草地植物资源中，还有许多野生植物可作为蜜源植物开发利用，数量不下百种。如芥菜、播娘蒿、多种香豌豆、白花草木樨、黄花草木樨、老鹳草、密花香薷、益母草、野薄荷、百里香等都是很好的蜜源植物。

七、天然草地

天山北坡的高海拔、水文及温度梯度变化，决定了天山北坡草地从下到上具有明显的垂直分布现象，依次为山地荒漠、山地草原化荒漠、山地荒漠草原、山地草原、山地草甸草原、山地草甸（森林）、高寒草甸、高山植被。不同区域草地的分布特征也有差异。

（一）伊犁山地草地垂直带分布特征

伊犁山地北起博罗科努山（含依连哈比尔尕山西段）南坡，南至哈尔克山（含那拉特山西段）北坡，包括新疆境内的伊犁河流域。南侧的哈尔克山脊一般海拔4 000～5 000m，北部的博罗科努山脊多海拔为3 000～4 000m，两大山系之间为西向开口的大型陷落谷地。其间还分布有山势较低的伊什基里克山与阿布拉勒山两列山地，一般高度2 500～3 000m。由于伊犁谷地两侧山体及东端山结山势高大，构成了楔形西向迎风山地。在承受阻拦西来湿润气流上，形成了优越的山形地势条件。因此伊犁山地的年降水量较新疆其他地区高，一般达400～600mm，海拔1 800m～2 600m的中山带，年降水量多达600～800mm。特别是东部山地，由于克勒代乌拉高大山结对西来水汽的强大拦截作用，年降水多达800～1 000mm，是全疆年降水量最高的地区。因而在伊犁的西向坡山地，形成了大面积的草层高达80～100cm的高草草甸。

鉴于伊犁山地的生境条件较为优越，山地草地垂直带谱完整，由山地荒漠草原—山地草原—山地草甸草原—山地草甸—高寒草甸构成。其上是高山流石坡极稀疏植被与冰雪区。

伊犁山地的荒漠草原，在伊犁谷地西部山地的南向坡（大阳坡），分布高程在海拔 1 100 ~1 300m，中部及东部的南向坡上升为 1 200 ~1 400m。伊犁山地的北向坡地（大阴坡），多分布在海拔 700 ~ 1 100m。在一些低山前沿，也相间分布片段的山地草原化荒漠草地。山地草原的分布，在南向大阳坡西部山地为海拔 1 400 ~ 1 800m，中部山地多上升到 1 400 ~ 2 000m，东部山地降为 1 300 ~ 1 600m。在北向大阴山坡地的西部海拔为 1 000 ~ 1 400m，中部为 1 100 ~ 1 400m，东部多在 1 000 ~1 300m。山地草甸草原的分布在西部山地的北向坡海拔为 1 400 ~1 700m，中部 1 400 ~ 1 600m，东部 1 300 ~1 500m。山地草甸在西部山地的北向坡多分布在海拔 1 800 ~2 700m，中部为 1 600 ~2 700m，东部多在 1 400 ~2 600m。高寒草甸在大部分山地分布在海拔 2 700 ~3 300m，西部的局部大阳山坡地上升到海拔 2 800 ~3 400m，东部降为 2 600 ~3 300m。海拔 3 300 ~ 3 400m以上为高山流石坡极稀疏植被与冰雪区。

从伊犁山地草地垂直分布规律可以看出，在北部和西部的南向大阳坡山地，山地荒漠草原分布海拔较高，分布幅度也较宽。在南部和东部的北向大阴坡山地分布海拔较低，带幅也较狭窄。山地草甸草原和山地草原多依西向、西北向与东向、东南向坡地交错分布。分布高程上，在大型南向山地分布海拔较高，特别在伊犁的中部山地。这两类草地在北向坡分布海拔较低。山地荒漠草原与山地草原分布地带的另一特点是多与阔叶林或野果林相间分布。山地草甸和高寒草甸交错分布较少，在山地最大降水带上下与针叶林相间分布。

（二）天山北坡山地草地垂直带特征

天山北坡山地包括西自中、哈边境，东至达坂城一带，由阿拉套、博罗科努、伊林哈比尔尕及阿弗尔等山脉构成的北天山；以及西起乌鲁木齐，东止于伊吾附近的博格达山、巴里坤山及哈尔里克山等山脉构成的东天山主脊线以北的山地。东西长达 1 300余千米，南北幅宽 30 ~80km，山脊线平均海拔 3 000 ~4 000m。因天山北坡东西跨度特别大，水文特征和在大气环流中所处位置有所不同，承受西来水汽程度差别较大，因此，草地植被的垂直带结构在西、中、东三段存在有明显差异。

天山北坡西段山地草地垂直带分布特征：天山北坡西段山地是指沙湾巴音沟以西的北天山山脊线以北的山地。山势一般不高，海拔多在 3 000 ~4 000m，不少地段在 3 000m以下。因山势较低矮，山体狭窄，冰川积雪较少，且处在准噶尔西部山地的“雨影带”，承受西北湿润气流较少；加之受到艾比湖洼地荒漠气候的侵袭和缺乏前山带的缓冲作用，因此山地气候较干旱，降水一般在 250 ~

400mm。草地呈现强度的荒漠化、草原化景观。乌苏一带山地荒漠占据了海拔890～1 300m的低山带，山地荒漠草原上升到海拔1 550m，山地草原的一般分布范围是海拔1 550～2 000m，山地草甸草原主要分布在海拔2 000～2 200m，山地草甸的分布范围是海拔2 200～2 900m。高寒草甸占据了海拔2 900～3 300m的高寒山地。其上为高山流石坡极稀疏植被和冰川积雪区。

天山北坡中段山地草地垂直带分布特征：天山北坡中段山地，由沙湾南部巴音沟向东至奇台南部山地，是横贯准噶尔盆地中部南缘的大型山地。北坡山地的山势地貌多是由与东西向主脉相垂直的北向支系山脉的大型断块山地结合构成的北向山地。北向支脉多由天山主脊山地向北伸展倾斜，低落于准噶尔盆地南缘。整个北坡山地的海拔高程沿北坡山脊多达4 000～5 000m，最高的博格达峰达5 445m，北向支脉海拔多为2 500～3 500m，天山北坡中段山体幅宽多达50～80km。间夹于北路天山中部的柴窝堡—达坂城盆地为—西北—东南向下陷盆地，海拔较低，多在1 000～1 500m。是南北疆干旱气流的主要通道。东西横亘的北坡山体高大重叠，有力地阻挡了西方及西北方的湿润气流，年降水量多达500～600mm，因此在海拔1 900～2 700m的北坡山地最大降水带内，较好地发育了山地草甸和针叶林。北坡山地草地垂直带谱较为完整，由山地荒漠—山地荒漠草原（含有片段草原化荒漠）—山地草原—山地草甸草原—山地草甸（含亚高山草甸）—高寒草甸构成。面向干旱气流通道的柴窝堡—达坂城盆地的博格达山南坡，因太阳辐射强烈且常年受干旱气流的影响，在草地垂直地带分布上，不同于北坡山地，却反映了天山南坡的垂直分布特点。其垂直带谱为带幅较宽的山地荒漠—山地荒漠草原—山地草原—高寒草原，其上发育有狭窄的高寒草甸。

天山北坡中段山地荒漠在西部的分布下限海拔多为800～900m，上限为1 200～1 400m，至东部下限上升为1 100～1 200m，上限在1 600m。并多与山地荒漠草原带交错分布，因承受准噶尔盆地荒漠气候的强烈影响，因此，荒漠草地占据了整个北坡前沿地带，带幅较宽。至东部，因缺少前山带而分布幅度渐趋狭窄。山地荒漠草原（含有片段草原化荒漠草原）的分布下限，由西部的1 200m至东部上升为1 300m。山地荒漠草原上限多为1 700m，部分东向及东南向阳坡山地上升为2 000m，并多与山地草原交错分布。山地草原分布的海拔高程为1 700～2 000m。山地草甸草原分布在海拔1 800～2 200m。山地草甸分布在海拔2 000～2 700m，带幅较宽，除上下限分别与山地草甸草原及高寒草甸交错分布外，多占据中山带的平缓山地（包括亚高山草甸）。高寒草甸的分布范围在海拔

2 700 ~3 400m。其上为高山流石坡极稀疏植被与冰川永久积雪区所占据。

天山北坡东段山地草地垂直带分布特征：天山北坡东段山地是由木垒以东的沙马尔山、巴里坤山、哈尔里克山以及巴里坤、奎苏以北的东西向山地所构成。夹有地势较高的山间盆地，西部有向西开口的巴里坤盆地，东部有向东开口的盐池盆地。整个东段山地的地势高程木垒以东的沙马尔山海拔较低，多在 1 200 ~2 500m；向东延伸的山地海拔较高，多达 3 000m以上，巴里坤山的最高峰月牙山高达4 172m，哈尔里克山峰颠海拔 4 886m，但至山体东端多为低落破碎的低山地带，海拔多在 2 000m以下。从天山北坡东段的山地高程看，虽也有海拔 3 000 ~4 000m的高大山峰，但向东延伸的山地多低落破碎、整体山势海拔高程较低，因此，对阻拦西风湿润气流的作用要比天山中段小得多。唯巴里坤盆地的东部山地海拔较高，具有较优越的拦截西来湿润气流的迎风山地，年降水量较高，达 300 ~400mm。在东部的盐池盆地，因北部和西部均为中低山地，东部低落且向东敞开，形成背风山地，加以常年承受着来自东部反气旋作用下的令气候的侵袭，年降水量偏少，除哈尔里克山坡年降水达 250 ~300mm 外，盆地周围山地年降水多为 150 ~200mm。由于天山北坡东段山地的山文特征和降水条件的明显不同，因此山地草地垂直带谱结构具有明显差异。气候比较湿润的巴里坤山北坡草地垂直带结构完整，旱化较强烈的位于伊吾以南的哈尔里克山北坡的草地垂直带谱既不完整，其分布范围也有很大不同。巴里坤山北坡的山地荒漠分布于海拔 1 500 ~1 800m的低山带，山地荒漠草原的海拔多为 1 800 ~2 000m，山地草原分布在海拔 2 000 ~2 300m，在海拔 2 300 ~2 800m的山地针叶林带内自下而上由山地草甸草原和山地草甸所占据。海拔 2 800 ~3 300m高山带发育高寒草甸草地。其上为高山流石坡极稀疏植被。旱化强烈的哈尔里克山北坡的山地荒漠草原与山地草原的分布上下限一般要比巴里坤山北坡抬升 200m；山地草甸不发育，中山带上部为山地草甸草原所占据；同时在高寒草甸带内还发育有片段的高寒草原。

天山北坡区域土地总面积 52 735. 73万亩（15 亩 =1hm^2。全书同），占全疆土地总面积的 21. 15%；天然草地毛面积 25 666. 81万亩，占全疆天然草地毛面积的 29. 88%；其中，可利用草地面积 23 320. 14万亩，占全疆可利用草地面积的 32. 39%（表 1 –2）。

表 1-2　天山北坡区域天然草地面积统计　　单位：万亩

地区	土地总面积	天然草地毛面积	可利用草地面积
伊犁州直	8 425.77	5 129.30	4 656.40
塔城地区	4 935.76	2 766.62	2 184.05
博尔塔拉州	3 633.25	2 503.29	2 438.07
昌吉州	13 020.97	8 364.70	7 586.15
乌鲁木齐市	1 666.48	929.75	883.22
哈密地区	21 053.50	5 973.15	5 572.25
小计	52 735.73	25 666.81	23 320.14
全疆总计	249 384.47	85 888.20	72 010.20
比例（%）	21.15	29.88	32.39

第二节　天山北坡经济社会概况

一、经济概况

天山北坡区域涉及伊犁哈萨克自治州直属县（市）、博尔塔拉蒙古自治州、塔城地区的乌苏市和沙湾县、昌吉回族自治州、乌鲁木齐市、哈密地区。根据2012年新疆统计年鉴，2011年天山北坡区域总产值为35 106 852万元，占全疆总产值的53.11%。其中，农林牧渔业产值为6 194808万元，占全疆农林牧渔业产值的31.68%（表1-3）。

表 1-3　2011 年天山北坡区域产值情况

地区	地区总产值（万元）	农林牧渔业总产值（万元）	比例（%）
伊犁州直	4 951 624.00	1 577 240.00	31.85
塔城地区	2 503 102.00	950 737.00	37.98
博尔塔拉州	1 513 225.00	591 080.00	39.06
昌吉州	7 029 369.00	2 409 379.00	34.28
乌鲁木齐市	16 900 347.00	302 681.00	1.79
哈密地区	2 209 185.00	363 691.00	16.46
小计	35 106 852.00	6 194 808.00	17.65
全疆总计	66 100 500.00	19 553 884.00	29.58
比例（%）	53.11	31.68	

新疆统计年鉴资料所示，2011 年全疆耕地面积为 61 868 455. 5亩，天山北坡区域耕地面积为 26 907 470. 7亩，占全疆的 43. 49%。农作物种植面积为 21 758 250 亩，其中，种植粮食 11 328 750亩，占全疆的 37. 76%；棉花 4 775 400亩，占全疆的 19. 44%；苜蓿 230 250亩，占全疆的 10. 57%（表 1 –4）。

表 1 –4　2011 年天山北坡区域种植情况　　单位：亩

地区	耕地面积	农作物播种面积	粮食	棉花	苜蓿
伊犁州直	8 485 874. 1	7 069 650	4 939 650	235 650	40 050
塔城地区	4 193 840. 4	2 872 200	636 300	1 746 600	6 150
博尔塔拉州	2 028 349. 8	1 951 500	674 700	952 500	21 000
昌吉州	9 438 831. 2	8 126 850	4 304 700	1 582 500	76 800
乌鲁木齐市	1 454 259. 9	827 400	382 350	20 850	37 050
哈密地区	1 306 315. 4	910 650	391 050	237 300	49 200
小计	26 907 470. 7	21 758 250	11 328 750	4 775 400	230 250
全疆总计	61 868 455. 5	74 752 200	30 005 400	24 570 900	2 179 350
比例（%）	43. 49	29. 11	37. 76	19. 44	10. 57

天山北坡区域是新疆主要牧区，2011 年年底牲畜头数达到 1 454. 54万头，占全疆的 39. 34%；产肉量达到 943 395t，占全疆产肉量的 49. 68%（表 1 –5）。

表 1 –5　2011 年天山北坡区域年底牲畜量及产肉量

单位：万头（只）、t

地区	年底牲畜	总产肉量
伊犁州直	624. 59	234 278
塔城地区	133. 73	81 121
博尔塔拉州	108. 9	20 710
昌吉州	403. 38	500 322
乌鲁木齐市	70. 18	57 429
哈密地区	113. 76	49 535
小计	1 454. 54	943 395
全疆总计	3 697. 6	1 898 881
比例（%）	39. 34	49. 68

二、社会概况

2011 年全疆人口为 22 087 100人，天山北坡区域人口为 8 287 800人，占全疆人口的 37.52%，其中，天山北坡区域乡村人口 3 015 366人，占全疆乡村人口的 27.5%（表 1－6）。

表 1－6　2011 年天北坡区域总人口与乡村人口情况　　单位：人

地区	总人口	乡村人口	比例（%）
伊犁州直	2 884 700	1 475 469	51.15
塔城地区	443 800	268 361	60.47
博尔塔拉州	487 300	196 927	40.41
昌吉州	1 394 600	670 771	48.10
乌鲁木齐市	2 493 500	224 518	9.00
哈密地区	583 900	179 320	30.71
小计	8 287 800	3 015 366	36.38
全疆总计	22 087 100	10 963 329	49.64
比例（%）	37.52	27.5	

第二章　天山北坡家庭牧场草畜平衡配套技术研究与示范

第一节　研究的指导思想

一、研究的针对性

我国有60多亿亩草地，其中，90%以上处于不同程度退化。大面积草地退化，不仅直接影响牧民生产生活与牧区的经济发展，退化严重地区，牧民生活与生存环境极其恶劣，已经形成一定数量的生态移民；而且可能引起许多重大生态环境问题，如沙尘暴的肆虐、水土流失的加剧、大江大河的频繁洪灾、城市空气污染的加重与空气质量的下降，这些都与草地退化有很大关系，而这些又可能危及我国的生态安全。草地的功能正从原来的单一的经济功能转变为经济和生态功能兼顾，生态功能优先。研究表明，气候对草地退化的影响不可忽视，而人为因素则是导致草地退化的主要因素。过牧是导致草地退化的主要原因，全球退化土地面积中34.5%是由于过度放牧引起的。在我国北方荒漠化土地面积中，过度放牧是造成我国北方草地退化的主要原因，退化比率达30%。因此，控制草地资源的过度利用，研究草畜平衡成为当前草地利用方面的重点。

新疆是我国五大牧区之一，天然草地辽阔，毛面积85 888.2万亩，可利用面积72 010.2万亩，位居全国第三。新疆天然草地面积是农田的11.8倍，是林地面积的16.9倍。自高山到平原广有分布，具有涵养水源、防风固沙、调节气候、改善区域环境，抵御自然灾害的生态功能。新疆天然草地植物种类丰富，草畜协同进化培育出许多优良的草地动植物品种，在动物和植物协同进化作用下，形成了许多与草地生态环境相适应的优良地方畜种，如新疆细毛羊、新疆褐牛、阿勒泰大尾羊、巴什拜羊、绒山羊等。新疆天山北坡从地貌单元来讲有沙漠、平原绿洲、山地，从草地类型的分布上来看，具有从平原荒漠草地—山地荒漠草地—山地草原化荒漠草地—山地荒漠草原草地—山地草原草地—山地草甸草原草地—山地草甸草地—高寒草甸草地类的典型垂直地带性分布规律。

新疆天然草地目前的主要问题是牧草产量季节不平衡、年度不平衡和水系分布不匀等方面。多年来，靠天养畜，加以牧区人口压力增大，致使超载过牧普遍，草畜矛盾日益尖锐，草地退化严重，灾害频繁，畜产品生产和效益低下，根本原因是受传统草地畜牧业靠天养畜、四季游牧为典型特征的自然经济生产方式的束缚，直接影响到草地资源的高效持续利用，制约着地区经济的迅速发展。目前，草地生态环境恶化问题突出，草地退化面积不断增加，草地生态“局部治理，总体恶化”的局面未能得到有效遏制，已退化草地面积达90%以上，突出表现在草地植被覆盖度降低，产草量减少，草层高度变矮，毒害草蔓延。草地严重退化不仅对畜牧业发展造成严重影响，而且对生态环境也造成极大危害，已到了必须研究解决的地步。

一方面新疆天然草地大面积退化，而另一方面牲畜数量在不断增加，牧民收入又需要提高，因此，寻求解决新疆牧区生态、生产、经济和社会问题的新途径是当前一项迫切任务。草畜平衡是解决目前草畜失衡、畜多草少矛盾的有效方法，也是实现畜牧业健康、持续发展的根本出路。科学核定载畜量，制定科学的放牧调节方案是防止草地退化的根本对策。实施草畜平衡不应是消极的，而应是积极的；不应是静止的，而应是动态的。所谓消极的草畜平衡，就是说当饲草料生产不能满足饲养牲畜的要求时，就采取单纯的压缩牲畜数量、限制牧民饲养牲畜的办法，这样做对于提高牧民的生活水平、推动牧区经济发展是不可行的。

“新疆天山北坡家庭牧场草畜平衡配套技术研究与示范”项目的核心是草畜平衡配套技术。本项目以家庭牧场草畜平衡配套技术为重点，系统研究了不同牧压下草地植被、家畜、土壤的变化；结合牧民定居工程，建立适宜天山北坡家庭牧场细毛羊生产模式；研究适用于天山北坡退化草地改良的松土补播、毒草清除、施肥技术；为合理开发利用草地，解决草畜矛盾、人畜矛盾，为草地畜牧业可持续发展提供有效途径。

二、采用的技术路线（图2－1）

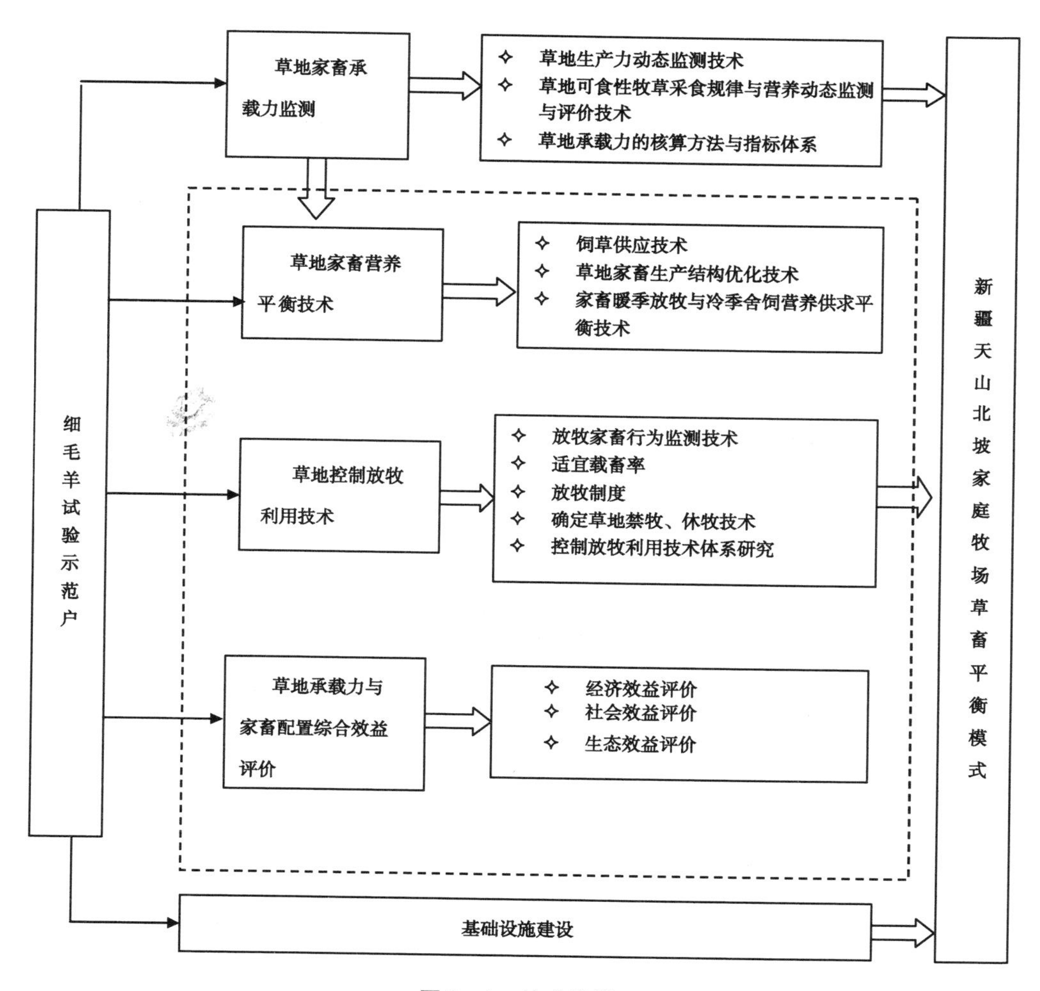

图2－1　技术路线

三、国内外同类研究动态

草地作为可更新的自然资源，有其自身发生发展的规律，在正常的自然演替和合理利用的状态下，均可正常繁衍、自力更生和永续利用。如遇人为破坏或超载过牧，强度利用，将会使草地生态系统失去平衡，造成退化。长此下去将会失去放牧利用的价值，生态功能丧失，造成水土流失和生态环境的恶化。因此，保护草地，也就是保护自然资源和人类的生存环境。从放牧利用的角度讲，保护的主要措施是合理利用，做到草畜平衡。

草畜平衡在自然界是生态系统自我调节功能产生作用的过程。1978 年，我国草原学家任继周院士等通过一系列试验研究提出了草地季节畜牧业，即根据草地牧草生产的季节动态，减少冷季牧草产量和质量下降时期的载畜量，使畜群对牧草的需要量尽可能与牧草的供应量相符，在暖季以大量的新生幼畜生长旺盛的特点来充分利用生长旺季的牧草，在冷季来临之前，按计划宰杀或淘汰家畜，或实行异地育肥，使其不越冬，当年收获畜产品。

草畜平衡的关键是管理，管理是草原工作的核心，管理的前提是监测，监测就是获取草地的动态信息，如草地的生产力、退化程度、放牧轻重、放牧牲畜品种和畜群结构等，这些信息反馈给管理部门作为基础依据，据此作出相应的政策。我国学者已对北方某些区域的草畜平衡状况进行了探讨。如李博等在锡林郭勒盟进行了草畜平衡动态监测试验，建立了 NOAA 卫星比值植被指数与产草量的线性相关模型，研究盟、旗县区域的载畜量和草畜平衡状况；李建龙等人用 NOAA 卫星估测了新疆阜康县草地产草量、载畜量以及草畜平衡问题，得到了较好的效果。1996 年，内蒙古自治区在锡林郭勒盟试点推行《草畜平衡管理办法》，规定由旗（县、市、区）畜牧业行政主管部门委托草原监理机构每年进行一次草畜平衡核定，逾期未达到草畜平衡的，以超载牲畜论处，每只绵羊单位罚款 20 元。2005 年 3 月 1 日中华人民共和国农业部正式施行《草畜平衡管理办法》，但在管理模式和措施细节上还需调整和完善。

国家农业部贾幼陵在“关于草畜平衡的几个理论和实践问题”中提出：要达到草畜平衡，不是简单地降低家畜头数或载畜量就可以了，牵涉到复杂的社会问题，特别是牧民的生活和增收。多年来，在牧区推行草畜平衡成效不大的主要原因是牧区人口不断增长，增加的人口要维持基本生活水平，就必然要增加牲畜头数。因此，草畜平衡不是个简单的草原植被问题，其实质是草畜平衡和人草平衡，既“人—畜—草”的平衡问题。

国外草地畜牧业发达国家，如英国、美国、澳大利亚、新西兰等，尤其是新西兰，对草地放牧系统中饲料供给和家畜需求及其影响因素进行了深入持久的研究，解决了草畜供求矛盾并加以推广。美国等国家草原管理经验值得思考，实际上，美国在对草原的管理上也曾经一心关注“草畜平衡”，1905 年美国林业局主管放牧的部门主任就认为，超载过牧是草地退化的主要原因，并确定其领导部门的主要任务就是测定各地区理论载畜量，制定允许的放牧数量，调节季节性放牧（轮牧和休牧）等。但是，20 世纪 60—70 年代，美国的草地管理思想开始发生转变，由侧重在保护前提下的畜产品产量最大化，转变为有关草地生态系统的多功能最优化的科学性和艺术性，尤其是近十多年来，传统的放牧管理已被生态系统管理所取代，以载畜量为管理核心的管理模式已经逐渐被抛弃，草地管理不再是简单地放牧管理，草地管理思想理论既考虑保持生态的可持续性，又重视对经济、社会、娱乐、文化、遗产价值和多样性的保护和支持。

20 世纪 60 年代末到 70 年代初，新西兰畜牧业专家为提高草地生产，采取了增施系统肥料和增加系统载畜量等策略；而在 70 年代中晚期至 80 年代中期，研究的重点为调整家畜策略，如改变产羔（犊）时间和放牧管理（饲料配给）相结合的方式，并开始重视各种调控技术手段的综合应用，在减少对饲料作物和储草依赖作用的基础上，使草畜供求关系达到平衡；1985—1996 年，在施肥和载畜量有所下降的条件下，将研究的重点转向低成本形式的磷肥以及提高家畜生产性能上，以低投入高产出的方式使草畜供求关系趋于合理。最近几年，草地畜牧业最大限度利用原位放牧系统，调整季节性载畜量，调整适宜的泌乳时间和泌乳期，通过家畜购买和出售时间选择，最大限度减少储草和补饲需要，使冬春季牧草达到目标现存量，从而提高草地利用率和家畜转化效率，使草畜供求关系趋于动态平衡。

四、主要研究内容与成果

（1）天山北坡春秋场春季细毛羊放牧压试验示范。

（2）天山北坡夏场细毛羊放牧压试验示范。

（3）天山北坡春秋场秋季细毛羊放牧压试验示范。

（4）天山北坡细毛羊冷季舍饲试验示范。

（5）天山北坡试验示范区草地承载力监测。

（6）天山北坡家畜生产结构优化技术示范。

（7）天山北坡草地植物群落季节营养物质含量的变化研究。

（8）天山北坡控制放牧利用技术示范。

（9）天山北坡家庭牧场天然草地与人工饲草料地配置示范。

（10）家庭牧场人工饲草料丰产栽培示范。

（11）天山北坡细毛羊羔羊育肥试验示范。

（12）天山北坡草地承载力与细毛羊配置课题综合效益评价。

（13）天山北坡中山带退化山地草甸草原补播改良试验研究。

（14）天山北坡中山带退化山地草甸补播改良试验研究。

（15）天山北坡醉马草清除试验与示范。

（16）天山北坡中山带草地施肥示范。

（17）新疆天山北坡草畜平衡模式。

第二节　研究方法

本研究基于系统控制论的思想，采用系统研究方法。开展多项试验示范研究，并对研究结果进行效益评价，最后总结出系统运行的合理模式。

以家庭牧场为研究示范对象，系统进行天山北坡家庭牧场草畜平衡配套技术研究与示范。通过研究天然草地放牧生产系统中的草地植被、草地土壤、家畜（细毛羊）和气象等主要要素，系统分析不同牧压下各要素的变化情况。提出合理的天然草地放牧制度。通过研究放牧家畜冷季定居点舍饲，试验筛选出满足细毛羊营养需要、舍饲成本低科学合理的草料配方。对人工草地与家畜配置进行生产实践研究，总结人工饲草料地的品种选择及丰产栽培技术。有针对性对退化草地进行改良，挖掘草地生产潜力，改善草地生态。对示范户及周边牧民进行培训，从而解决家庭牧场在整个生产周期内涉及生产、生态和生活问题。

第三节　试验示范区现状

一、试验示范区简介

新疆天山北坡家庭牧场草畜平衡试验示范区选择在昌吉市阿什里乡，属于一个以草地畜牧业为主体的纯牧业乡。阿什里乡位于天山中段北麓，地理位置为E86°25′～E87°26′，N43°14′～N45°30′，海拔高度在450～3 400m。整个地势呈南高北低阶梯之势，南北长196.86km，东西宽23.64km。境内有三屯河水库，努尔加水库。地形分南部山区暖季放牧区，中部平原人工饲草料生产与定居点冷季舍饲区，北部平原土质、沙质荒漠草地禁牧区3个区域。山地按海拔高度可分为高山区（2 800～3 400m），中山区（1 800～2 800m）和低山区（900～1 800m）；

平原区主要指山前洪积—冲积扇和洪积—冲积平原区（海拔450～900m），地势平坦开阔；沙漠区主要是由第四纪冲积性风化作用形成的风积沙丘组成（海拔450～530m）。辖区总面积3 000km²，可利用天然草地320万亩，按草地类型划分，自南向北、自高向低，草地的垂直分布规律为高寒草甸—山地草甸—山地草甸草原—山地草原—山地荒漠草原—山地草原化荒漠—山地荒漠—平原荒漠8个类；按季节草场划分有夏牧场、春秋牧场、冬牧场。全乡有可耕地3.5万亩。7个村民委员会，总户数2 804户9 811人，其中，牧业户数2 249户8 400人，由哈萨克、回、维吾尔、汉等8个民族组成，其中，哈萨克民族占95%以上。近几年来，昌吉市阿什里乡结合社会主义新农村建设，建成阿巍滩牧民定居点，累计定居牧民1 605户6 360人，定居比例已达到71.4%。经过十几年的建设，定居点实现了“三通、四有、五配套”，已成为阿什里乡政治经济文化的中心。

二、试验示范户简介

试验示范户的草场由春秋场、夏场、冬场三部分组成，草地总面积4 693亩。

春秋场分布在天山北坡低山带，是同一处草场在一年中分春、秋两季利用，利用时间4个月（春季2个月，秋季2个月）。地理位置为E86°58′8.5″～86°59′8.2″，N43°51′5.8″～43°51′30″，海拔1 200～1 300m。属于山地草原化荒漠草地，植被总盖度为55%～60%，草地优势牧草伊犁绢蒿，短柱苔草，主要伴生种还有角果藜、一年生猪毛菜、锦鸡儿、兔儿条、羊茅等。春秋场围栏面积为2 435亩，其中试验地分小区围栏850亩。

夏场分布在天山北坡中山带，属于典型的山地草甸草地，以禾草和杂类草为主。利用天数一般为90天/年（6月1日至8月30日）。地理位置为E 86°42′21″～E 86°42′41″，N 43°35′43″～N 43°35′56″，海拔2 100～2 200m。草地植物种类主要有梯牧草、鹅观草、洽草、早熟禾、针茅、草原苔草、赖草、老鹳草、糙苏、萎菱菜、火绒草、米奴草、飞蓬、龙胆草等，植被总盖度90%。夏场围栏面积750亩，其中试验地分小区围栏220亩。夏场全年降水量较大，气候凉爽。

冬场分布在天山北麓冲积平原和古尔班通古特沙漠。气候干旱，降水量少，蒸发量大。平原土质荒漠分布在中部平原区，草地组成植物以盐柴类半灌木、一年生草本为主，建群植物有琵琶柴、粗枝猪毛菜，主要伴生植物有叉毛蓬，假木贼、梭梭、多枝柽柳、角果藜、盐生草等；平原沙质荒漠分布在北沙漠（古尔班通古特沙漠区），多为固定和半固定沙丘类型，草地植物组成以小半乔木、蒿类半灌木、一年生草本为主，建群植物有白梭梭、沙蒿、一年生草本，主要伴生植物有对节刺、长刺猪毛菜、沙米、角果藜、膜果麻黄、白皮沙拐枣、地白蒿、囊果苔草、羽状三芒草等。该类草地可利用产草量低，草场严重缺水，生产放牧条件很差，草地生态环境脆弱，已作为荒漠草地类自然保护区实行了永久性禁牧，禁牧面积 1 508亩。

三、试验示范区示意图（图 2－2）

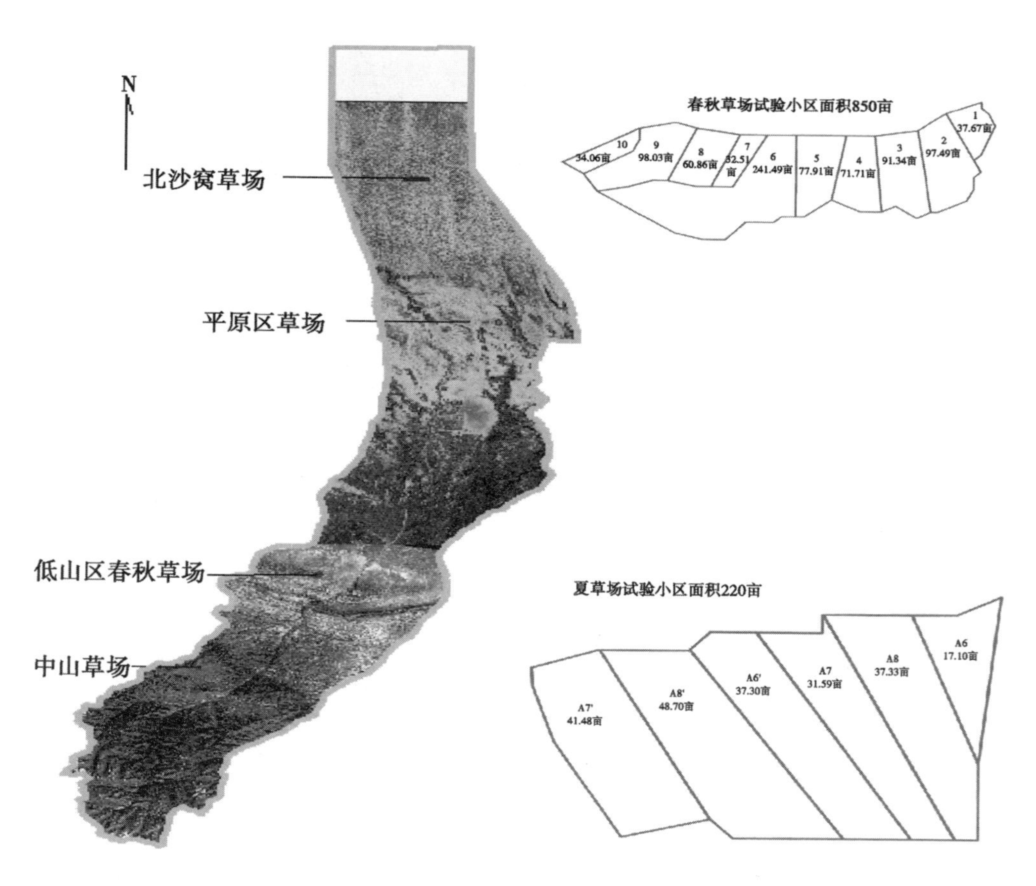

图 2－2　试验示范区

第四节　关键技术与创新点

一、关键技术

（一）暖季天然草地放牧——实行“以草定畜”，冷季定居点舍饲——实行“以畜定草”是本研究的关键技术

天然草地主要是草地监测，并通过试验研究得出春秋场和夏场不同类型草场上的试验细毛羊载畜量。其次是科学牧压下的放牧制度，如夏、春秋草场的划区轮牧。冷季舍饲主要包括人工饲草料基地建设，如青贮玉米、苜蓿、苏丹草高产栽培以及草料的调制加工技术。还有生产母羊冷季舍饲的饲料配方研究和羔羊早期断奶育肥研究等方面。

（二）草畜平衡模式是课题研究的核心

游牧制度的形成是牧业生产者与草地生态系统长期互动的结果，体现了人与自然和谐相处的生态观。这种利用草地的方式可以使草地有休闲的机会，但前提条件必须是人口少，草地面积大，这种利用方式的局限性在于难以抵抗雪灾、旱灾等灾害性气候带来的自然风险。本研究的草畜平衡模式“暖季天然草地放牧——冷季定居点舍饲”的生产模式，实际上是“人—畜—草”平衡问题。研究以家庭牧场为研究对象，通过对家庭牧场细毛羊生产周期的配套技术研究，达到家庭牧场“生产生态生活”友好协调可持续发展。

二、创新点

1. 通过研究，建立了新疆天山北坡草畜平衡模式，即“暖季天然草地放牧—冷季定居点舍饲”的现代草地畜牧业示范，彻底改变了长期以来传统畜牧业四季游牧的生产方式。

2. 研究建立了天山北坡草原牧区家庭牧场的生产、生态、生活协调发展模式，把草地与家畜结合起来，系统研究了与草畜平衡有关的实用技术组装以及生产体系配套，对畜牧业健康发展、提高牧民收入、遏制天然草地退化起到了示范作用。

3. 以不同草地类型确定标准畜日食量，替代长期计算草畜平衡行业通用的1个羊单位日食量5kg鲜草的计算方法，使草畜平衡核定载畜量更准确，为新疆不同类型天然草地核定载畜量提出了新思路。

4. 将天山北坡中山带冬牧场改季利用，利用时间由原来的11月至次年3月冬季利用改为6~8月夏季放牧利用，试验证明是可行的。通过把冬场改为夏场，扩大了暖季草场利用面积，增加了家畜饲养量，为新疆天山北坡草场的改季利用做出了示范。

第五节 研究中存在的问题与建议

一、存在的问题

1. 天然草地植被变化受气候因素影响较大，特别是受降水量的影响十分明显。本研究中2012年降水少，致使2012年春秋场试验受到一定影响。

2. 草畜平衡涉及牧区生产生态生活的三大方面，是一个复杂的系统工程。草畜平衡并不是简单地降低载畜量就可以了，还牵涉到复杂的社会问题，特别是增加牧民经济收入和提高牧民生活水平。本研究以家庭牧场为研究单元，对家庭牧场草畜平衡进行了系统研究，虽然我们提出了“新疆天山北坡草畜平衡模式”，但由于研究时间短，此模式还需在实践中进一步修正和完善。

二、建议

针对我们研究涉及的内容，提出如下建议：

1. 当前的草畜平衡管理仅考虑草地的面积和静态产量，而对草地生产力的年度和季节性差异以及草地生产力与家畜需求的季节性差异问题考虑不够。即使是非常高产的草地，春季也存在着草不足的问题。如不考虑季节变化，单纯以饲草总产量为基础来确定载畜量，则不能有效地解决季节性草地超载问题。建议根据家庭牧场天然草地植被类型确定家畜的日食量，再进一步确定不同草地类型的适宜载畜量。

2. 牧民定居点的饲草料基地配套建设普遍落后，这也是现在普遍存在的“人定畜不定”的主要原因。因此应加强草地畜牧业基础设施投入，特别是人工饲草料地建设。并不定期地对牧民饲草料种植技术和冷季舍饲技术等方面进行有组织的系统培训，提高牧民对现代化畜牧业基本技术的掌握。同时应针对天然草地季节和年度之间变化大的问题，研究解决草畜平衡的应急技术。

3. 继续加强天然草地放牧技术研究，如调整长期以来形成的季节草场一成不变的利用方式，冬草场改为夏季利用，春、夏草场的划区轮牧技术，延迟放牧和休牧技术，这些技术应大力推广。

4. 进一步深入研究草地家畜的营养平衡技术，如从数学模型的角度进行进一步量化研究。

5. 草畜平衡系统工程应从草原牧区“生产生态生活”各方面全盘考虑，本区域天山北坡草畜平衡模式还需后续课题的支撑研究和完善。

第三章　天山北坡春秋场春季细毛羊放牧压试验示范

第一节　试验示范目的与意义

传统四季放放是新疆草地畜牧业生产的主要方式之一，自20世纪80年代新疆公有牲畜作价归户以来，牲畜总量大幅度增加，有效地促进了畜牧业生产发展。但同时也给草地生态安全带来诸多问题，春秋场春季放牧过早、秋季出场过晚，载畜量超载严重，草场界线不清，放牧混乱以及蝗虫危害，造成春秋场退化十分严重，给畜牧业可持续发展以及生态安全带来严重的影响。草地畜牧业家畜需要的饲草主要来源于天然草地，草畜不平衡，导致家畜营养差，繁殖成活率不高，直接影响牧民经济收入。因此，通过细毛羊春季放牧压试验，为确定春秋场春季合理的载畜量，控制进出场时间，制定适宜的春秋场休牧时间，合理利用草地提供科学依据。

第二节　试验示范区概况

一、地理位置与面积

春秋场位于新疆昌吉市阿什里乡的天山北坡低山带，在一年中同一区域春秋两季利用。春季利用时间长达2个月（4～5月），在草地畜牧业生产中占有重要地位，从牧业生产看，春季担负着家畜体膘的恢复和产羔育幼。示范户的春秋场地理位置为E 86°58′8.5″～86°59′8.2″，N 43°51′5.8″～43°51′30″，海拔1 200～1 300m。围栏面积为2 435亩，其中，试验小区面积850亩。

二、地形与地貌

春秋场试验示范区南高北低，地形复杂，由沟和梁交错形成复杂的起伏区，相对高差小，一般沟底到梁顶相对高差100m左右，由阴坡、阳坡和沟谷组成，非常具有规律性。

三、草地植被和土壤

草地类型属于山地草原化荒漠，主要建群植物伊犁绢蒿、短柱苔草，主要伴生植物有兔儿条、角果藜、一年生猪毛菜、伊犁郁金香、庭荠、羊茅、葫芦芭、顶冰花、针茅等。草地植被覆盖度55%～60%。

土壤为灰棕色荒漠土，土层较薄，土壤表层和下层有砂砾碎石。

四、气候

春秋场试验示范区属于低山干旱温暖气候区，全年气候干燥，降水少，蒸发量大，冬季寒冷漫长，有积雪。历年平均温度为7.2℃，平均降水量为194.3mm，全年≥0℃年积温4 028.6℃，年均日照2 719.4h，年平均风速2.0 m/s，极端最高温度43.5℃，极端最低温度－37℃，无霜期为170天。

第三节　试验设计与试验方法

一、试验设计

草地属山地草原化荒漠类，草地群落优势种为伊犁绢蒿和短柱苔草。

放牧羊为成年细毛母羊。

春秋场春季细毛羊放牧压试验设零放牧、适度放牧和重度放牧3个处理，每个处理设2个重复的试验小区。

二、试验方法

选择了有示范带头作用的牧民，采取以户为单位在春秋场春季进行围栏放牧，冷季实行舍饲圈养，改四季放牧为三季放牧。按照零放牧、适度放牧和重度放牧3个梯度进行试验设计，2次重复，监测草地土壤，植被和细毛羊的常规指标。

植被：草地植被特征的测定采用常规分析法。在每个处理小区内按山体的坡向、坡位测定样方6个，样方面积1m×1m，测定内容，包括高度、盖度（针刺法）、密度，生物量，建群种或优势种分种测定（重要值前4位）。

土壤：采用土壤环刀法分0～10cm，10～20cm，20～30cm进行土壤含水量和容重的测定，每处理重复取样3次。土壤化学成分分析，每个处理小区取3个点混成1个样（利用40mm土钻），分为0～10cm，10～20cm，20～30cm三层进行。各层土样分别装入纸袋中带回，风干后进行土壤有机质，全氮，速效氮，全磷，速效磷，全钾、速效钾，pH值及微量元素铁、锰、铜、锌的测定。地下生物量分3层：0～10cm、10～20cm和20～30cm，每层取样测定面积为10cm×15cm，每月进行一次。

试验羊体重体尺测定：在测定草地和土壤的同时，每月对不同处理小区的试验羊进行体重体尺测量1次。

三、样地设置

春秋场春季放牧时间为4～5月。在适度放牧和重度放牧处理下，测定草地植物群落组成、植被地上和地下生物量、土壤含水量和容重、土壤养分等方面指标，利用HOBO全自动气象站对试验区气象资料进行采集。同时，对放牧羊体重进行监测。

四、气候监测

利用HOBO全自动气象站对试验区气象资料进行采集（表3－1和表3－2）。

表3－1　2011年气象资料

日期	月均降水量（mm）	月均温（℃）	月均最高（℃）	月均最低（℃）	相对湿度（%）	平均风速（m/s）
4月	20.2	16.19	20.27	7.59	43.93	2.18
5月	48.1	17.32	23.52	11.24	44.48	2.10

表3－2　2012年气象资料

日期	月均降水量（mm）	月均温（℃）	月均最高（℃）	月均最低（℃）	相对湿度（%）	平均风速（m/s）
3月	10.6	0.23	5.89	－4.65	74.02	0.43
4月	11.2	14.91	21.43	8.14	38.85	0.98
5月	11.4	20.0976	26.3403	13.3064	32.039	1.04441

第四节 结果与分析

一、不同放牧强度对春秋场春季植物群落数量特征的影响

由表3－3和图3－1、图3－2、图3－3和图3－4可知，各处理均表现出放牧后群落高度均有所增加，但以零放牧和适度放牧的增加幅度较大，重度放牧后增加幅度最小。零放牧前后盖度、密度、高度及地上生物量增加幅度最大，差异显著（$P<0.05$），其中，地上生物量差异极显著（$P<0.01$）。适度放牧后密度、高度及地上生物量有不同程度的增加，但差异不显著。重度放牧后盖度有所下降。放牧后密度在各处理中均表现出增加趋势，仅是增加幅度不同，以重度放牧增加最少。地上生物量也表现出在放牧后各处理均有所增加，以零放牧增加最多，5月底地上生物量为4月初的5～6倍。

表3－3 不同牧压下放牧前后草地群落指标测定

	高度（cm）	盖度（%）	密度（株/m^2）	地上生物量（g/m^2）
零放牧前	6.29 ± 1.52^{Bbc}	33.5 ± 5.52^{Bc}	143 ± 25.1^{Aa}	48.785 ± 7.23^{Bb}
零放牧后	17.23 ± 5.12^{Aa}	53 ± 5.32^{ABabc}	211.34 ± 26.1^{Aa}	304.50 ± 1.52^{Aa}
重度放牧前	8.36 ± 1.38^{Bbc}	39 ± 6.12^{ABbc}	146.17 ± 18.2^{Aa}	53.43 ± 8.36^{Bb}
重度放牧后	9.04 ± 1.61^{Bbc}	45 ± 4.23^{ABabc}	266.50 ± 33.9^{Aa}	87.83 ± 1.52^{Bb}
适度放牧前	6.58 ± 1.25^{Bc}	47.5 ± 5.21^{ABbc}	178.67 ± 22.3^{Aa}	55.935 ± 7.91^{Bb}
适度放牧后	11 ± 2.37^{Bb}	45 ± 5.23^{Bc}	275.33 ± 24.8^{Aa}	100 ± 1.52^{Bb}

从植物群落数量特征整体来看，春秋场春季零放牧处理的数量特征均在大幅度上升，适度放牧后群落数量特征中没有下降的指标，重度放牧后仅是群落盖度在下降，说明春秋场春季适度放牧和重度放牧对草地群落数量特征影响均较小。

二、不同放牧强度对春秋场春季植物群落主要物种重要值的影响

由表3－4、图3－5和图3－6可知，2种主要物种的重要值在零放牧中随着时间的变化重要值有所降低，表明在零放牧的状态下，其他物种在重度放牧和适度放牧下均有不同程度的下降。从方差分析结果来看，伊犁绢蒿、短柱苔草的重要值在零放牧、重度放牧、适度放牧处理下差异不显著。两种主要物种重要值在

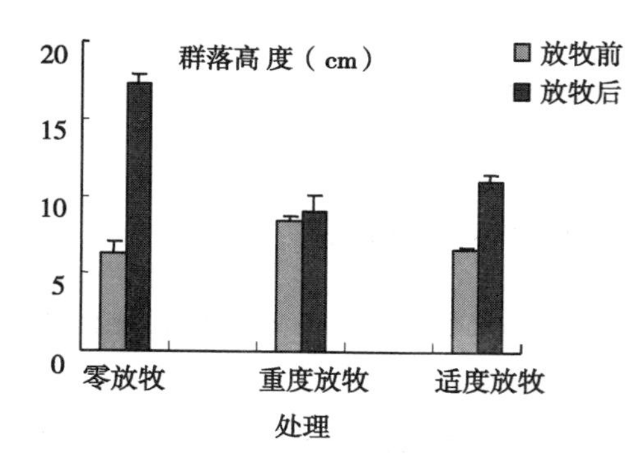

图 3－1　不同牧压下群落高度的变化

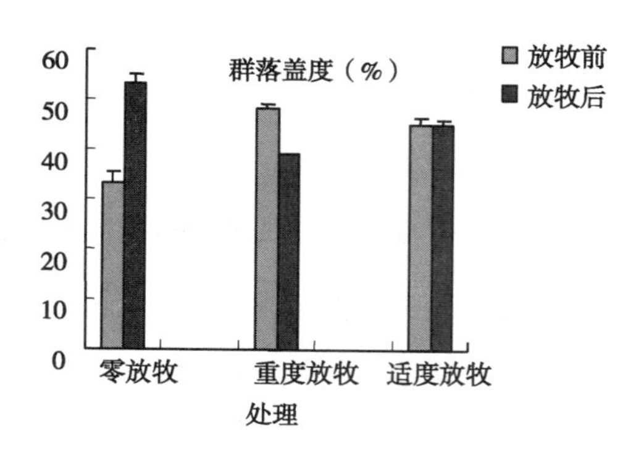

图 3－2　不同牧压下群落盖度的变化

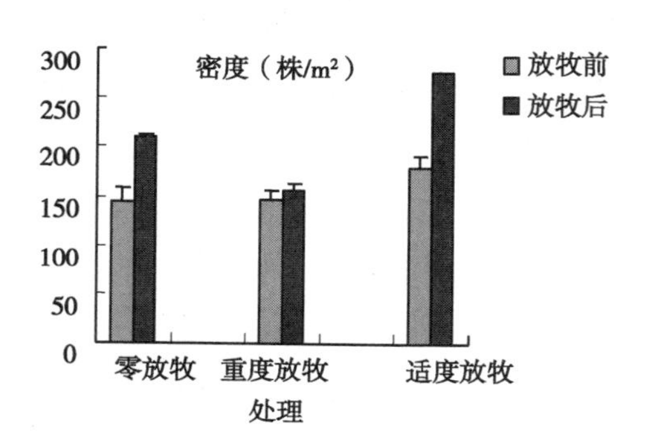

图 3－3　不同牧压下群落密度的变化

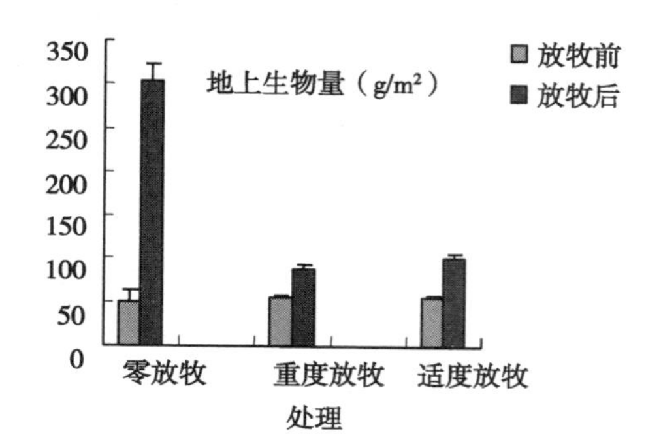

图 3－4　不同牧压下群落地上生物量的变化

零放牧前后均有下降的趋势，表明不放牧可以适当地提高其他物种的产量或增加物种丰富度。说明不同放牧处理对群落主要物种重要值影响不大。

表 3－4　不同牧压下放牧前后草地优势种重要值的影响

处理	伊犁绢蒿	短柱苔草
零放牧前	32. 05^{Aa}	40. 99^{Aa}
零放牧后	27. 55^{Aa}	28. 88^{Aa}
重度放牧前	35. 72^{Aa}	25. 26^{Aa}
重度放牧后	24. 40^{Aa}	28. 31^{Aa}
适度放牧前	43. 12^{Aa}	25. 82^{Aa}
适度放牧后	26. 19^{Aa}	30. 29^{Aa}

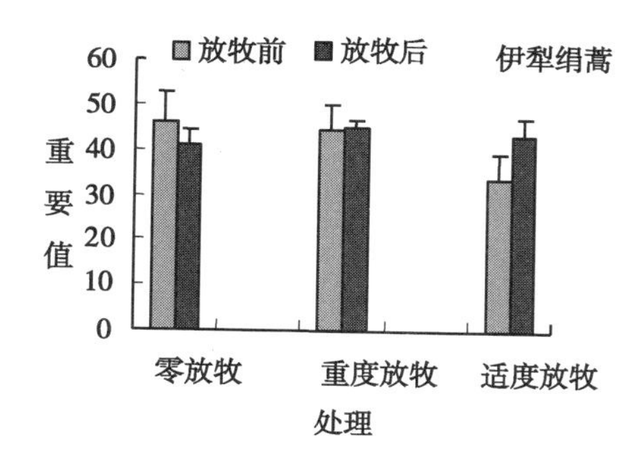

图 3－5　不同牧压下伊犁绢蒿重要值的变化

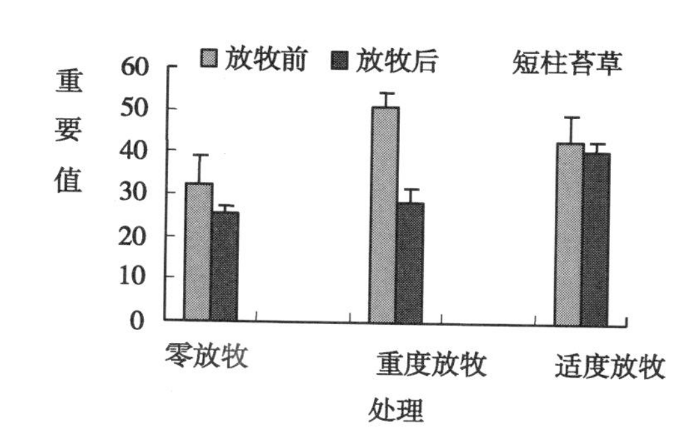

图 3－6　不同牧压下短柱苔草重要值的变化

三、不同放牧强度对春秋场春季地下生物量的影响

由表 3－5 可知，春秋场春季各处理地下 0～30cm 生物量在放牧后与放牧前相比，略有所增加，但增加幅度甚小。从方差分析结果来看，0～30cm 地下生物量在放牧前后差异不显著。原因可能为积雪融水和春季雨水较多，对荒漠区春季植物生长起积极作用，削弱了放牧压力对其造成的影响。

表 3－5　不同牧压下放牧前后草地的地下生物量　　单位：g

	0～10cm	10～20cm	20～30cm
适度放牧前	15.70±1.46 Aa	7.32±1.61 Aa	4.71±0.91 Aa
适度放牧后	15.15±2.70 Aa	7.86±1.23 Aa	4.80±0.87 Aa
重度放牧前	13.00±0.84 Aa	4.76±0.60 Aa	3.36±1.41 Aa
重度放牧后	10.72±2.69 Aa	6.78±0.08 Aa	4.78±1.03 Aa

四、不同放牧强度对土壤的影响

（一）不同放牧强度对土壤含水量的影响

从表 3－6 反映了春秋场春季各放牧处理 0～30cm 土层含水量随时间变化的动态过程。在放牧前温度相对较低，土壤相对含水量在 55% 以上。到随着气温逐渐升高，牧草生长旺盛，土壤表面蒸发强烈，土壤水分损失加快，土壤含水量除各处理放牧前和放牧后含水量均出现下降的趋势，下降幅度差别不大。不同放牧处理 0～30cm 含水量随着土壤深度的增加而降低。

表 3-6　不同牧压下放牧前后草地的土壤含水量　（%）

处理	0~10cm	10~20cm	20~30cm
零放牧前	55.48	56.23	48.39
零放牧后	35.39	25.95	25.18
重度放牧前	54.46	53.70	38.78
重度放牧后	36.69	23.84	22.92
适度放牧前	69.38	59.83	32.36
适度放牧后	39.40	26.63	25.72

从图 3-7、图 3-8 和图 3-9 可知，2012 年春秋场春季各处理 0~30cm 土层相对含水量随时间变化的动态过程。在 3 月温度相对较低，春秋场春季土壤水分损耗较小，0~20cm 土壤含水量在 55% 以上。0~30cm 土壤含水量呈下降的趋势。到 4 月下旬，随着气温逐渐升高，土壤水分损失加快，0~30cm 土壤含水量随着土壤深度的增加，有上升趋势。由于温度的上升和降水量极少，0~30cm 土壤含水量在 40% 以下。到 5 月上旬，牧草生长旺盛，0~30cm 土壤含水量在 40% 以下，呈下降趋势。

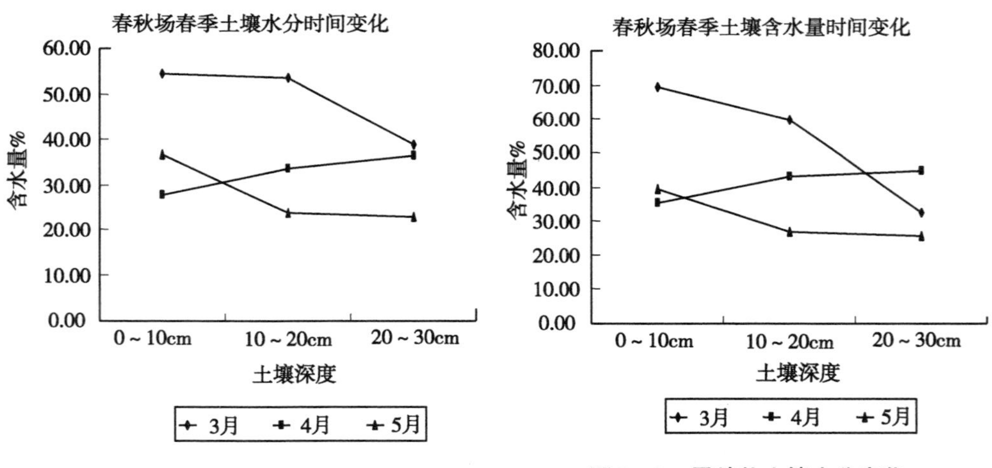

图 3-7　重度放牧土壤水分变化

图 3-8　零放牧土壤水分变化

综合不同放牧处理含水量的变化趋势可以看出，随时间的变化各处理含水量变化趋势相同，结合年度降水量及群落盖度、密度、生物量分析，可能是由于春秋场春季草地退化严重，植被覆盖度较低，放牧强度对土壤含水量影响的差异变得非常不明显。

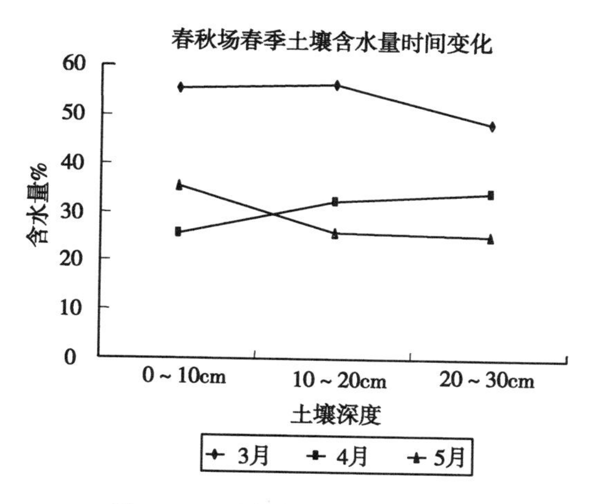

图 3－9　适度放牧土壤水分变化

（二）不同放牧强度对土壤容重的影响

由表 3－7 可知，春秋场春季土壤容重随着土壤深度的增加，0～20cm 有下降趋势，零放牧、适度放牧和重度放牧前后 0～30cm 土壤容重变化规律相似，不同放牧处理容重放牧前 > 放牧后，各处理间差异不显著。重度放牧前后容重的下降明显大于零放牧和适度放牧，重度放牧前后土壤容重的下降程度说明重度放牧对土壤容重的有一定影响但不明显。

表 3－7　不同牧压下放牧前后草地的土壤容重　（g/m³）

处理	0～10cm	10～20cm	20～30cm
零放牧前	1.33 ± 0.25^{Aa}	1.30 ± 0.16^{Aa}	1.31 ± 0.12^{Aa}
零放牧后	1.18 ± 0.15^{Aa}	1.21 ± 0.17^{Aa}	1.22 ± 0.26^{Aa}
重度放牧前	1.44 ± 0.24^{Aa}	1.28 ± 0.18^{Aa}	1.38 ± 0.12^{Aa}
重度放牧后	1.16 ± 0.08^{Ab}	1.12 ± 0.04^{Aa}	1.18 ± 0.11^{Aa}
适度放牧前	1.21 ± 0.06^{Aa}	1.21 ± 0.06^{Aa}	1.34 ± 0.24^{Aa}
适度放牧后	1.09 ± 0.15^{Ab}	1.14 ± 0.05^{Aa}	1.19 ± 0.10^{Aa}
F 值	2.05	0.45	0.29

由图 3－10、图 3－11 和图 3－12 可知，3 月下旬、4 月下旬不同放牧处理土壤容重随着土壤深度的增加，0～20cm 有下降的趋势，20～30cm 略有回升，5 月上旬，随着土壤深度的增加，土壤容重有逐渐上升的态势。零放牧和重度放牧处

理前后 0～10cm 土壤容重和 20～30cm 相比都有下降的趋势，适度放牧处理前后 0～10cm 土壤容重和 20～30cm 呈现上升的趋势。

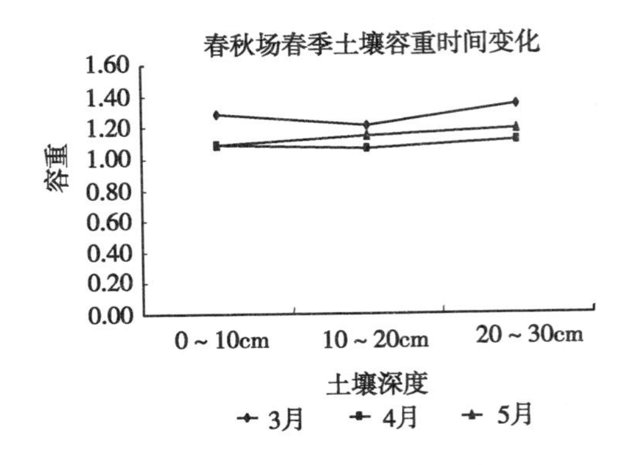

图 3－10　适牧处理土壤容重变化

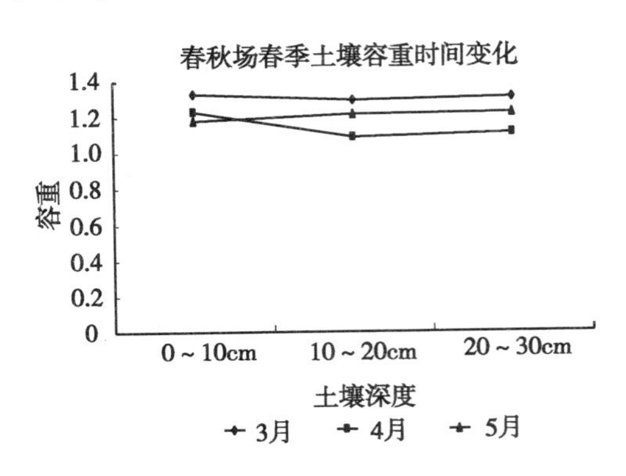

图 3－11　零放牧处理土壤容重变化

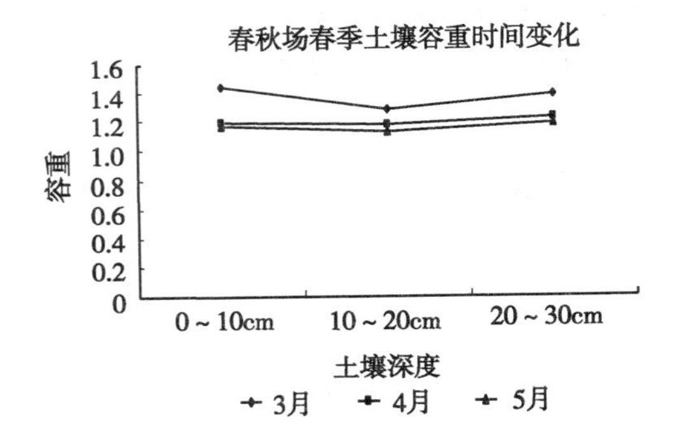

图 3－12　重牧处理土壤容重变化

（三）不同放牧强度对春秋场春季土壤营养的影响

对春秋场春季放牧前和放牧后的土壤营养指标测定分析。由表 3－8 可看出，0～10cm 的各营养指标含量均最高，且随土层的增加呈下降趋势。对各处理之间放牧前后对比分析，全氮、全磷含量和有机质各处理间均为放牧前 > 放牧后，表明植被在生长过程中，从土壤中吸取所需的营养物质，使土壤中养分减少，在植被生长季吸收全氮、全磷含量和有机质养分的速度大于土壤中转化成全氮、全磷含量和有机质的速度。全钾和有机质在各处理间差异不显著，在放牧前后表现为放牧前 < 放牧后。表明试验地植被吸收钾的速度小于土壤中转化成钾的速度，因此，在补播改良施肥过程中，要尽量多施氮磷肥，适当补充钾肥或不施钾肥。可以看出不同放牧处理对土壤养分变化的影响变化趋势基本一致，表明不同放牧处

理对土壤养分含量影响不大。

表3－8　不同处理放牧前后各土层养分含量变化情况

处理	土层	全氮（%）		全磷（g/kg）		全钾（%）		有机质（%）	
		放牧前	放牧后	放牧前	放牧后	放牧前	放牧后	放牧前	放牧后
零放牧	0～10cm	0.26	0.24	0.67	0.72	2.20	2.58	4.80	4.05
	10～20cm	0.22	0.21	0.79	0.69	2.19	2.42	4.22	3.10
	20～30cm	0.18	0.35	1.02	0.45	2.17	2.32	3.35	2.71
重度放牧	0～10cm	0.27	0.23	0.78	0.73	2.17	2.45	5.52	4.02
	10～20cm	0.23	0.20	0.69	0.36	2.18	2.39	4.20	3.26
	20～30cm	0.21	0.19	0.88	0.55	2.09	2.30	3.69	2.84
适度放牧	0～10cm	0.31	0.24	0.78	0.67	2.20	2.33	5.84	3.82
	10～20cm	0.24	0.21	0.53	0.38	2.11	2.29	4.37	3.38
	20～30cm	0.19	0.17	0.91	0.41	2.07	2.34	3.63	2.69

五、不同放牧强度对细毛羊体重的影响

由表3－9可知，不同放牧处理前试验羊的体重之间差异不显著（$P<0.05$）。放牧后，适度放牧和重度放牧试验羊的体重均有所上升，且差异极显著（$P<0.01$），重度放牧后体长、体高增加，胸围下降，适度放牧后体长下降，体高增加，胸围基本不变。

表3－9　不同处理放牧前后细毛羊体重体尺变化

	体重（kg）	体长（cm）	体高（cm）	胸围（cm）
重度放牧前	40.29±3.61Aa	66.16±1.79ABa	67.98±2.93Bc	115.54±6.74Aa
重度放牧后	50.04±3.15Bb	67±3.21ABa	72.28±1.93Aa	113.16±6.20Aa
适度放牧前	43.56±5.13Aa	69.25±6.30Aa	68±1.85Bbc	118±3.81Aa
适度放牧后	49.17±5.11Bb	60.5812±7.82Bb	70.63±3.11ABab	118.375±5.73Aa

第五节　结论与讨论

一、结论

1. 在本试验中，从植物群落数量特征整体来看，春秋场春季零放牧处理的数量特征均在大幅度上升，适度放牧后群落数量特征中没有下降的指标，重度放牧后仅是群落盖度在下降，说明在零放牧、适度放牧和重度放牧下没有对草地植物群落盖度产生太大的干扰。

2. 春秋场春季各处理地下 0～30cm 生物量在放牧后与放牧前相比，略有所增加，但增加幅度甚小。从方差分析结果来看，0～30cm 地下生物量在放牧前后差异不显著。地上生物量的多少直接反映了生态系统的基况水平及其所贮藏物质的多少。同样放牧条件下，草地地上生物量的变化也直接反映了草地生态系统的变化趋势和健康水平。

3. 综合不同放牧处理土壤含水量的变化趋势可以看出，随时间的变化各处理含水量变化趋势相同，结合年度降水量及植被盖度、密度和生物量分析，土壤含水量主要受降水量的影响较大。

4. 不同放牧处理对土壤养分变化的影响变化趋势基本一致，表明不同放牧处理对土壤养分含量影响不大。全钾表现为放牧前 < 放牧后。

5. 零放牧，适度放牧和重度放牧前后 0～30cm 土壤容重变化规律相似，各处理容重表现为放牧前 > 放牧后，各处理间差异不显著。重度放牧前后容重的下降明显大于零放牧和适度放牧，重度放牧前后土壤容重的下降，说明重度放牧对土壤容重的影响较大。

6. 春秋场春季放牧后，适度放牧和重度放牧试验羊的体重均有所上升，且重度放牧试验羊的体重大于适度放牧，且差异极显著（$P<0.01$）。

综合草地气候、植被、土壤和试验羊体重等指标的测定和研究，可以看出不同牧压对植被、土壤的影响小于气候对植被、土壤的影响。在本试验条件下，不同牧压对草地群落特征，土壤的影响不大，适牧对植被高度和地上生物量提高幅度均大于重牧，土壤含水量受降水量影响，区别不大；试验羊体重在适牧和重牧下均显著增加，基于对草地资源的保护和可持续利用的原则，提出春秋场春季应选择适度放牧，既不改变试验羊体重的增加，同时兼顾草地持续利用。

二、讨论

通过试验可以看出不管放牧处理如何安排，短期试验内（2 年）都不会对固有的草地植物群落盖度空间分布产生严重影响。也就是说，草地生态系统对外界的随机干扰具有很强的自我调控能力。由于试验时间仅做了 2 年，不同放牧处理引起的草地植物群落盖度在时间和空间的变化特点及气候条件之间的关系还有待于进一步研究和考证。基于放牧压、放牧组合和试验年限等具体参数的限制，如果能够得到这些量化指标的具体参数，对维护草地生态系统结构和功能的稳定，维持草地服务功能，保证草地畜牧业可持续发展均具有重要的理论和实际指导意义。

第四章　天山北坡夏场细毛羊放牧压试验示范

第一节　试验示范的目的与意义

新疆有史以来畜牧业就著称全国，特别是少数民族具有从事放牧利用草地的悠久历史和丰富经验，从实践中总结出适于新疆不同自然条件的天然草地放牧制度，即按平原草场、低山草场和高山草场的不同季节轮回放牧利用方式。四季转场放牧体现出与不同地形、气候条件相适应的季节休闲放牧特点。尽管新疆传统放牧制度所形成的季节休闲放牧，这种利用体系具有与当地气候、地形等自然条件的适应性，但也存在一些缺陷，当草地负载增大时，对草地生产水平及草地植被的不利影响更加明显。一是四季草场一成不变，传统的四季转场放牧制度已经延续了多年，随着草地放牧量的不断增加和农区耕地的不断扩大，使得四季放牧场的不平衡性更加突出，季节草场的利用制度一成不变对草地植被发育、更新非常不利；二是季节牧场转场时间不尽合理，传统放牧制度中进出各季节草场的时间，主要依据天气变化情况，且基本不变，没有考虑根据草地植被变化进行适宜地调整，普遍存在转入春秋场的时间过早、退出夏场的时间过迟的问题，这对牧草的生长发育极为不利；三是缺乏对草地利用状况的监测和评价，在草地植被出现不良状况时，没有进行放牧方式及放牧量的控制；四是国内实行的草畜平衡管理，仍然沿用以审批监管为主体的管理模式。仅侧重饲草和牲畜的平衡管理，缺乏依据草场类型的不同，提供动态变化的管理模式。

本研究结合研究区的气象资料分析新疆天山北坡山地草甸夏场在不同放牧压下的草地植被、家畜和土壤的变化，旨在为本范围内草畜平衡模式研究提供可靠的科学依据。

第二节　试验示范区概况

一、地理位置与面积

试验区布置在阿什里乡中山带山地草甸类草地，距阿什里乡150km左右，地理位置E86°42. 192′～86°42. 300，′N43°35. 844′～43°36. 330′。夏场面积750亩，其中试验区面积为220亩。

二、地形与地貌

试验区分布在天山北坡中山带，海拔2 200m，地势平缓、开阔。

三、草地植被

夏场为典型的禾草、细果苔草、杂类草山地草甸类型，植物种类丰富，建群种植物主要为中生禾草和杂类草，禾草主要有早熟禾、无芒雀麦、梯牧草、异燕麦、垂穗披碱草组成，杂类草主要由草原糙苏、老鹳草、天山羽衣草、石竹、白三叶、火绒草、金老梅、委陵菜、唐松草、千叶蓍，小龙胆、铁杆蒿、红豆草、勿忘我、补血草、冷蒿、黄花蒿、水杨梅等。草层高度在4～40cm，植被盖度95%。

四、土壤

试验区土壤类型为山地草甸土，土层深厚，地表有大量枯草残叶，0～30cm草根，密集交织，有机质含量高达13. 5%，质地较轻，结构好，土壤湿润，下层有锈纹、锈斑。

五、气候

夏草场属于中山湿润气候区，该区随海拔升高，年降水量500mm左右，干燥度小于1，平均气温低，蒸发量小，气候湿润。

第三节　试验设计与试验方法

一、试验设计

草地类型属山地草甸，草地群落建群种为禾草、细果苔草和杂类草。

放牧羊为成年细毛母羊。

夏场细毛羊放牧压试验，按照零放牧、适度放牧和重度放牧3个梯度进行试验设计，2次重复，进行放牧试验，监测草地土壤，植被和家畜常规指标。

二、试验方法

（一）测定指标

夏场放牧时间为6~8月。在零放牧、适度放牧和重度放牧处理下，测定草地植物群落组成、植被地上、地下生物量；土壤含水量、容重和土壤养分；利用HOBO全自动气象站对试验区气象资料进行采集；对试验羊体重体尺测定。

植被特征：草地植被特征的测定采用常规分析法。在各小区内设置两条样线，每样线测定3个样方，每样地共测定样方6个，样方面积1m×1m，测定地上植被的内容包括：高度、盖度（针刺法）、密度，生物量，建群种或优势种分种测定（重要值前4位），其他按经济类群测定，每月测定1次。

土壤：采用土壤环刀法对0~10cm、10~20cm、20~30cm土壤进行含水量和容重的测定，每处理重复取样3次。土壤化学成分分析，每个处理小区取3个点混成1个样（利用40mm土钻），分为0~10cm、10~20cm、20~30cm进行。各层土样分别装入布袋中，带回，风干后进行土壤有机质，全氮，速效氮，全磷，速效磷，全钾、速效钾，pH值及微量元素铁、锰、铜、锌的测定。测定时间：全氮、磷、钾在试验前和试验结束时各测一次；土壤含水量与容重每月中旬进行1次，土壤pH值在放牧结束时进行。

试验羊体重体尺测定：在测定草地和土壤的同时，每月对不同处理小区的试验羊进行体重体尺测量1次。

（二）载畜量计算

①每个羊日采食量（干物质）=家畜活体重×2%；

②适度放牧载畜率=（历史多年平均牧草产量（历史数据或围栏禁牧区

内）×面积×50%/家畜日采食量×放牧天数）×90%；

③重度放牧载畜率 =（历史多年平均牧草产量（历史数据或围栏禁牧区内）×面积×70%/家畜日采食量×放牧天数）×90%。

（三）数据统计分析

试验数据采用 Excel. 2003 与 DPS7. 5 进行统计分析。

第四节　结果与分析

一、降水量

统计研究区 HOBO 全自动气象站采集的数据，其结果是：2011 年 7 月、8 月降水量分别为 54. 2mm 和 85. 6mm；月均温分别为 16. 09℃和 14. 00℃。具体结果见图 4 – 1 和图 4 – 2（6 月气象资料不全，不计在统计范围之内）。

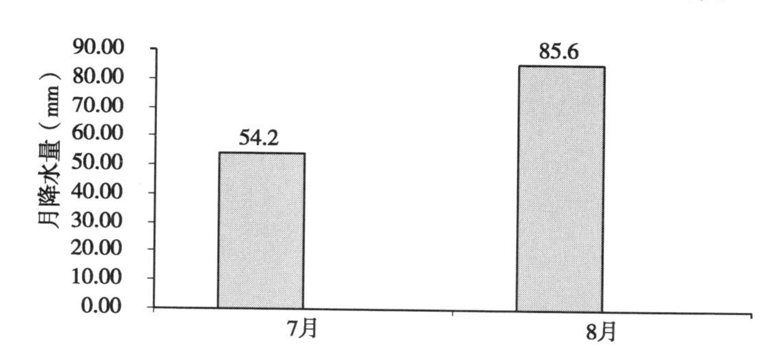

图 4 –1　夏场月降水量

二、不同牧压下草地植被变化

（一）不同牧压对植物群落数量特征的影响

由图 4 – 3 可知，零放牧的高度、盖度、密度和地上生物量均在增加。适度放牧后密度略有所增加，但差异不显著。随着放牧时间的推移，适度放牧和重度放牧的群落高度和地上生物量均大幅度下降，放牧前后差异极显著（$P<0.01$）。

（二）不同牧压对植物群落主要物种重要值的影响

由图 4 – 4 可知，随着时间的推移，零放牧中禾草和细果苔草的重要值有所下降，适度放牧和重度放牧中禾草的重要值在放牧前后均大幅度下降，差异达极显著（$P<0.01$），细果苔草的重要值在放牧前后均大幅度上升，差异达极显著（$P<0.01$）。放牧前后，不同牧压间草地主要优势种的重要值差异均不显著。

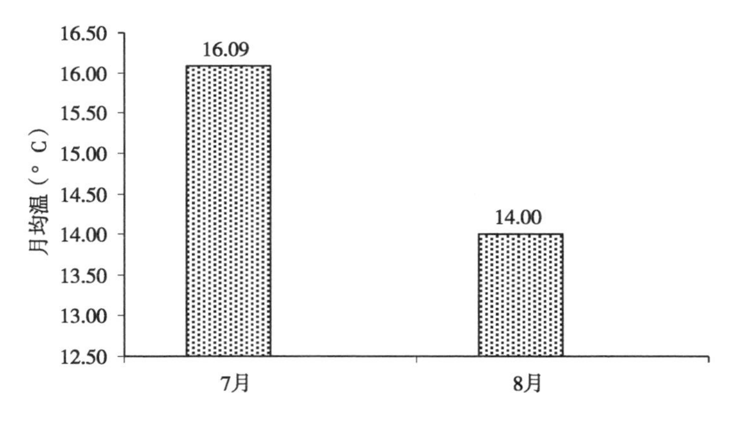

图 4－2　夏场月均温

（三）不同牧压对地下生物量的影响

方差分析表明（图 4－5），0～10cm 地下生物量仅放牧后的零放牧和适度放牧之间差异不显著，其他处理间差异达极显著（$P<0.01$）；10～20cm 适度放牧和重度放牧均表现为放牧后与放牧前差异显著（$P<0.05$），其他处理间差异不显著；20～30cm 放牧后零放牧、适度放牧与放牧前重度放牧之间差异极显著（$P<0.01$），放牧后零放牧、适度放牧与放牧前零放牧、重度放牧差异显著（$P<0.05$），其他处理间差异不显著。0～30cm 地下生物量仅有 0～10cm 的重度放牧表现为放牧后地下生物量降低，其他处理及土层均表现为放牧后地下生物量有所增加，说明放牧对夏场 0～10cm 地下生物量影响大于 10～20cm 和 20～30cm 的地下生物量。

三、不同牧压对土壤的影响

（一）不同牧压下土壤含水量的变化

由表 4－1 和图 4－6 表明，不同放牧强度对土壤含水量的影响不大，各强度放牧前后差异也不显著。0～10cm 草地土壤含水量在适度和重度放牧前差异不显著，在适度放牧后和重度放牧后之间差异也不显著。10～20cm 和 20～30cm，适度放牧后和重度放牧后与放牧前相比，土壤含水量差异不显著。

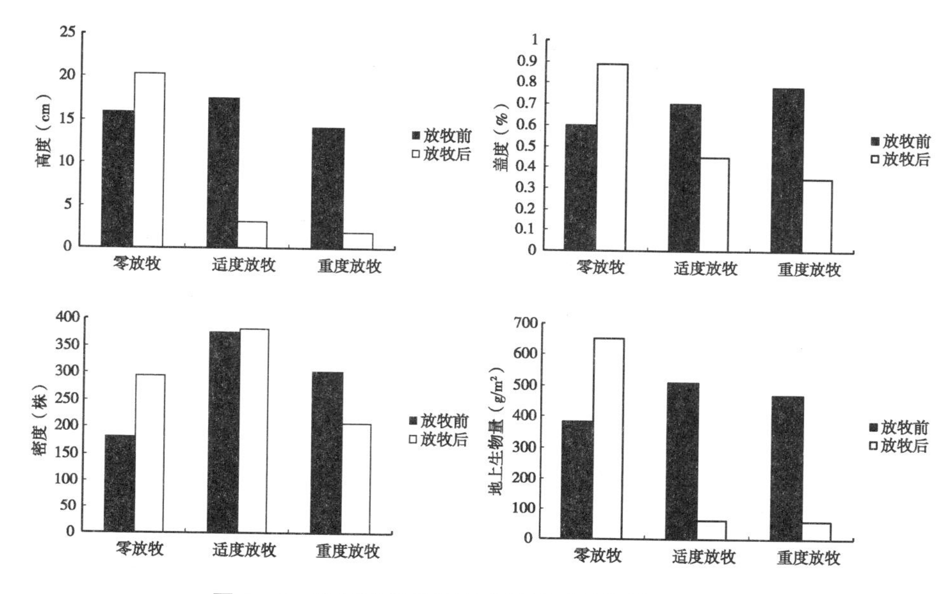

图 4－3　夏场不同放牧强度植物群落数量特征变化

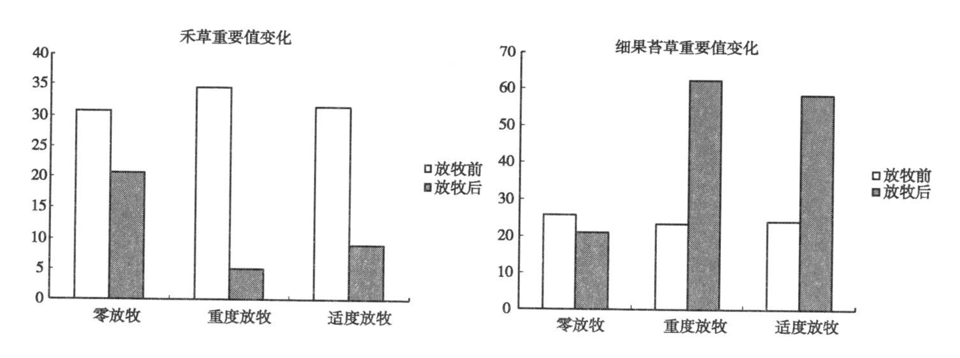

图 4－4　夏场不同放牧强度植物群落主要物种重要值变化

表 4－1　不同牧压下放牧前后草地土壤含水量的变化（M ± SE） 单位：%

	0～10cm	10～20cm	20～30cm
零放牧前	35.41 ±4.59^{abAB}	27.75 ±2.59^{cdBC}	24.36 ±2.09^{abcdABC}
零放牧后	15.26 ±1.67^{bcdABC}	14.00 ±1.39^{cdBC}	10.82 ±0.38^{dC}
适度放牧前	31.53 ±1.59^{abcABC}	29.39 ±1.21^{abcdABC}	23.87 ±2.11^{abcdABC}
适度放牧后	17.34 ±2.33^{bcdABC}	13.93 ±0.49^{cdBC}	12.95 ±0.85^{cdBC}
重度放牧前	37.92 ±13.95^{aA}	27.62 ±2.08^{abcdABC}	24.75 ±2.02^{abcdABC}
重度放牧后	15.37 ±2.55^{bcdABC}	13.59 ±1.36^{bcdABC}	13.72 ±0.43^{cdBC}

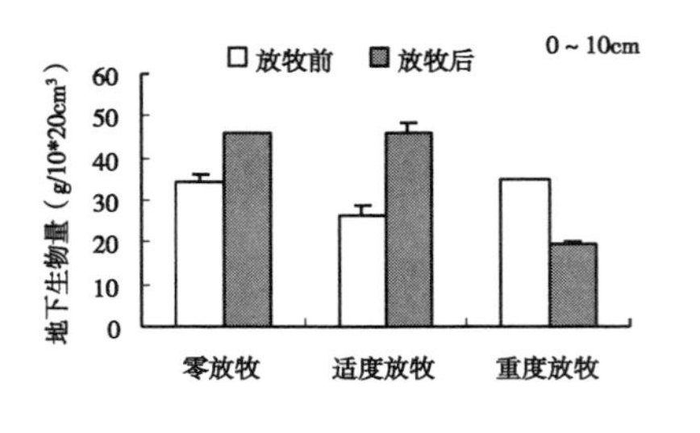

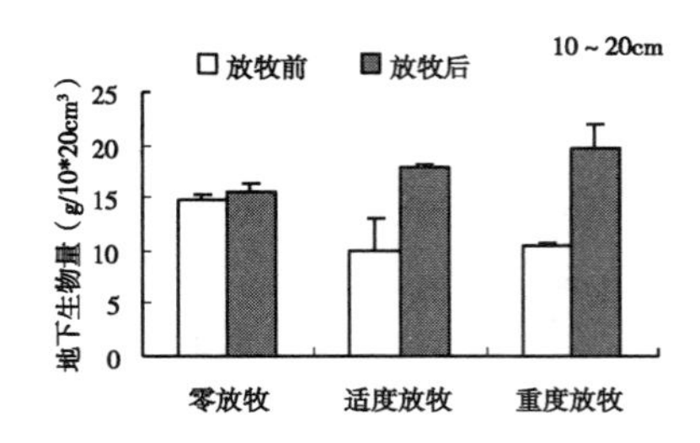

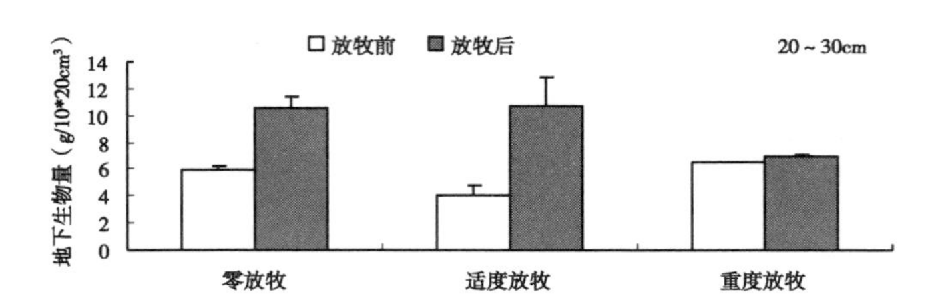

图4－5　夏场不同放牧强度地下生物量变化

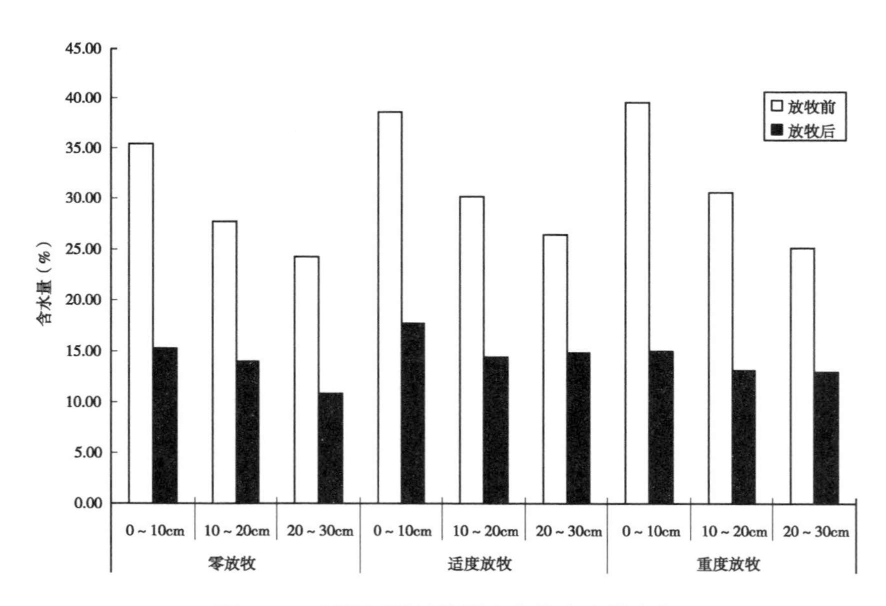

图4－6　夏场不同放牧强度土壤含水量变化

（二）不同牧压下土壤容重的变化

由表4－2和图4－7可知，不同牧压下草地土壤容重差异不显著。适度放牧前和重度放牧前土壤容重差异不显著；在放牧前各层之间土壤容重随土层增加而增大，放牧后明显比放牧前大，但是，前后差异同样不显著；重度放牧前后差异显著，放牧后，10～20cm 的变化较为明显。

表 4－2　不同牧压下放牧前后草地的土壤容重（M±SE）　单位：g/cm^3

	0～10cm	10～20cm	20～30cm
零放牧前	0.86±0.03 defBCD	0.97±0.06 abcdeABC	0.03±0.05 abcdAB
零放牧后	0.88±0.03 cdefABCD	1.09±0.01 abAB	1.01±0.03 abcdeAB
适度放牧前	0.78±0.03 fD	0.98±0.03 abcdeAB	1.02±0.02 abcdeAB
适度放牧后	0.88±0.03 cdefABCD	1.07±0.03 abAB	1.06±0.02 abcdAB
重度放牧前	0.79±0.06 fCD	0.95±0.01 abcdeABCD	1.03±0.02 abcdAB
重度放牧后	0.89±0.05 bcdefABCD	1.06±0.02 abcdAB	1.10±0.02 aB

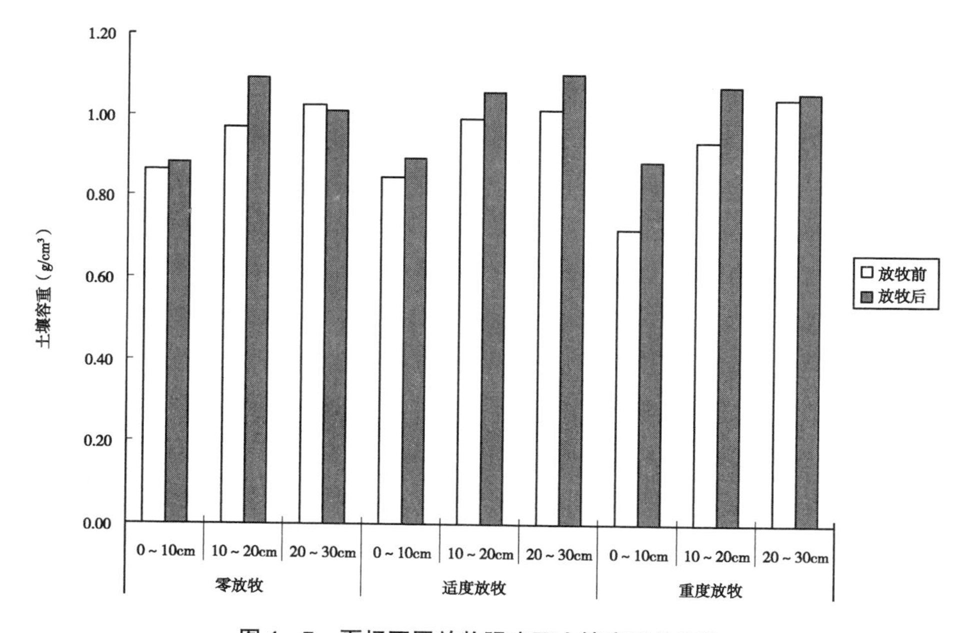

图 4－7　夏场不同放牧强度下土壤容重的变化

（三）不同牧压下草地土壤 pH 值的变化

从表 4－3 看出，夏场草地 0～10cm、10～20cm 和 20～30cm 土壤 pH 值在不同放牧压的放牧前和放牧后差异均不显著，同样在相同牧压下的放牧前后差异也不显著。这表明，同一类型的土壤的 pH 值保持稳定状态，放牧压对其影响不大。

表 4－3　不同牧压下放牧前后草地土壤 pH 值的变化（M ± SE）

	0～10cm	10～20cm	20～30cm
适度放牧前	7.11 ± 0.23^{cAB}	7.31 ± 0.19^{abcAB}	7.49 ± 0.14^{abcAB}
适度放牧后	7.20 ± 0.01^{bcAB}	7.48 ± 0.02^{abcAB}	7.79 ± 0.01^{aA}
重度放牧前	7.02 ± 0.12^{cB}	7.41 ± 0.01^{abcAB}	7.70 ± 0.08^{abcAB}
重度放牧后	7.38 ± 0.13^{abcAB}	7.49 ± 0.08^{abcAB}	7.78 ± 0.06^{aA}

（四）不同牧压下草地土壤养分的变化

表 4－4 表明，0～10cm 和 10～20cm 及 20～30cm 的草地土壤全氮、全磷和全钾及有机质的含量变化，在不同牧压间差异都不显著，放牧后在不同牧压间差异都不显著。由此分析，短期内土壤养分受放牧影响不明显。

表 4－4　不同牧压下放牧前后草地土壤养分的变化（M ± SE）

		适度放牧前	适度放牧后	重度放牧前	重度放牧后
0～10cm	全氮（%）	0.75 ± 0.07^{aA}	0.69 ± 0.04^{abAB}	0.67 ± 0.04^{abcAB}	0.68 ± 0.06^{cdABC}
	全磷（%）	1.05 ± 0.22^{aA}	0.83 ± 0.07^{aA}	1.14 ± 0.09^{aA}	0.74 ± 0.02^{aA}
	全钾（%）	1.97 ± 0.09^{cA}	2.25 ± 0.06^{abcA}	2.07 ± 0.12^{abcA}	2.20 ± 0.01^{aA}
	有机质（%）	13.53 ± 1.77^{aA}	11.3 ± 0.35^{abcAB}	12.68 ± 0.63^{abA}	10.31 ± 1.08^{abcdABC}
10～20cm	全氮（%）	0.44 ± 0.03^{bcdABC}	0.28 ± 0.06^{dC}	0.37 ± 0.08^{dBC}	0.39 ± 0.06^{cdABC}
	全磷（%）	0.84 ± 0.07^{aA}	0.37 ± 0.19^{aA}	0.58 ± 0.19^{aA}	0.63 ± 0.00^{aA}
	全钾（%）	2.06 ± 0.05^{bcA}	2.27 ± 0.03^{abcA}	2.03 ± 0.05^{bcA}	2.44 ± 0.06^{aA}
	有机质（%）	7.57 ± 0.92^{bcdeABC}	5.22 ± 0.29^{deBC}	7.71 ± 2.12^{abcdeABC}	6.32 ± 0.91^{cdeABC}
20～30cm	全氮（%）	0.26 ± 0.05^{dC}	0.21 ± 0.01^{dC}	0.25 ± 0.06^{dC}	0.23 ± 0.02^{dC}
	全磷（%）	0.72 ± 0.27^{aA}	0.50 ± 0.04^{aA}	0.56 ± 0.09^{aA}	0.44 ± 0.10^{aA}
	全钾（%）	2.05 ± 0.12^{bcA}	2.31 ± 0.08^{abcA}	2.00 ± 0.04^{bcA}	2.36 ± 0.02^{abA}
	有机质（%）	4.32 ± 1.15^{eBC}	3.49 ± 0.04^{eC}	4.71 ± 0.68^{deBC}	3.83 ± 0.42^{eC}

四、不同牧压下放牧羊体重的变化

放牧处理前放牧羊的体重之间差异不显著（表 4－5），这说明处理前放牧羊体重处于同一水平。放牧后，无论是适度放牧还是重度放牧，放牧羊的体重均有所上升。适度放牧前后放牧羊体重分别为 43.57kg 和 48.47kg，重度放牧前后放牧羊体重分别为 43.67kg 和 48.92kg。适度放牧前后和重度放牧前后体重变化均达到极显著水平（$P<0.01$）。但是，处理间最后体重差异不显著。

从表4-5的放牧羊体尺测定结果看，不同处理间在放牧前后差异不显著，同处理间放牧前后差异极显著（$P<0.01$）。

表4-5　不同牧压下放牧前后放牧羊测定结果（M±SE）

	体重（kg）	体长（cm）	体高（cm）	胸围（cm）	管围（cm）
适度放牧前	43.57 ± 0.60^{bB}	64.52 ± 0.59^{aA}	63.93 ± 0.56^{bB}	109.22 ± 18.7^{aA}	9.03 ± 0.10^{aAB}
适度放牧后	48.47 ± 0.61^{aA}	57.57 ± 0.74^{bB}	70.70 ± 0.41^{aA}	101.20 ± 0.78^{aA}	8.50 ± 0.09^{bC}
重度放牧前	43.67 ± 0.62^{bB}	62.76 ± 0.66^{aA}	63.75 ± 0.38^{bB}	92.35 ± 0.59^{aA}	9.05 ± 0.13^{aA}
重度放牧后	48.92 ± 0.65^{aA}	55.59 ± 0.45^{bB}	70.73 ± 0.51^{aA}	100.93 ± 0.95^{aA}	8.62 ± 0.10^{bBC}

第五节　结论与讨论

一、结论

1. 放牧羊（细毛羊）在天山北坡山地草甸夏场采食。随着放牧时间的推移，适度放牧和重度放牧的群落高度和地上生物量均大幅度下降，放牧前后差异极显著（$P<0.01$）。放牧前后，不同牧压间草地主要优势种的重要值差异均不显著。放牧对地下生物量影响0~10cm大于10~20cm和20~30cm。

2. 夏场7~8月，草地土壤含水量受不同牧压梯度的影响甚小。

3. 适度放牧前后土壤容重差异不显著；在放牧前各层之间土壤容重随土层增加而增大，明显放牧后比放牧前大，但是，前后差异同样不显著；重度放牧前后差异显著，放牧后，10~20cm的变化较为明显。

4. 土壤pH值在不同放牧压的放牧前和放牧后差异均不显著，同样在相同牧压下的放牧前后差异也不显著。表明同一类型的土壤的pH值保持稳定状态，放牧压对其影响较小。

5. 山地草甸0~10cm和10~20cm及20~30cm的草地土壤全氮、全磷和全钾及有机质的含量在不同牧压间和放牧前后差异都不显著。由此分析，短期内土壤养分受放牧影响不明显。

6. 试验过程中，放牧羊的体重均有所上升。适度放牧前后和重度放牧前后体重变化均达到极显著水平（$P<0.01$）。但是，处理间最后体重差异不显著。

综合不同牧压下草地植被、土壤物理结构、土壤养分变化以及放牧羊体重变化情况来看，相对理想的利用方式为适度放牧。

二、讨论

草地地上植被受气候影响较大，尤其受降水量影响较大。本研究初步系统研究了天山北坡以禾草、细果苔草、杂类草为优势种的山地草甸草地在不同牧压下放牧羊、草地、土壤的变化关系。综合分析初步确定了此类草地夏季的理想利用方式为适度放牧。有关草地的利用不仅要考虑气候因素的影响，更要考虑不同的利用方式的综合影响。

本试验从2011—2012年进行了两年试验。2012年改变了放牧强度，主要以轮牧试验为主，本研究是以2011年的数据统计和分析的结果。因此，有关不同放牧压下的放牧羊、草地植被和土壤的研究还需后续试验进一步完善。

第五章　天山北坡春秋场秋季细毛羊放牧压试验示范

第一节　试验示范目的与意义

传统的四季放牧是新疆草地畜牧业生产的主要方式之一，自20世纪80年代新疆牲畜作价归户以来，牲畜总量大幅度增加，有效的促进了畜牧业生产发展。但同时也给草地生态安全带来诸多问题。春秋场春季放牧过早、秋季出场过晚，载畜量超载严重，草场界线不清，放牧混乱以及蝗虫危害，造成春秋场退化十分严重，给畜牧业可持续发展以及生态安全带来严重的影响。草地畜牧业家畜需要的饲草主要来源于天然草地，草畜不平衡，导致家畜营养差，繁殖成活率不高，直接影响牧民经济收入。因此，通过细毛羊秋季放牧压试验，综合研究区的气象资料、不同放牧压下的草地植被、家畜和土壤的变化，为确定春秋场秋季合理的载畜量，控制进出场时间，制定适宜的春秋场休牧时间，合理利用草地提供科学依据。

第二节　试验示范区概况

一、地理位置与面积

春秋场位于新疆昌吉市阿什里乡的天山北坡低山带，在一年中同一区域春秋两季利用。秋季利用时间2个月（9～10月），从牧业生产看，秋季担负着为绵羊配种提供生产基地。示范户的春秋场地理位置为E 86°58′8.5″～86°59′8.2″，N 43°51′5.8″～43°51′30″，海拔1 200～1 300m。围栏面积为2 435亩，其中，试验小区面积850亩。

二、地形与地貌

春秋场试验示范区南高北低，地形复杂，由沟和梁交错形成复杂的起伏区，相对高差小，一般沟底到梁顶相对高差100 m左右，由阴坡、阳坡和沟谷组成，非常具有规律性。

三、草地植被和土壤

草地类型属于山地草原化荒漠，主要建群植物伊犁绢蒿、短柱苔草，主要伴生植物有兔儿条、角果藜、一年生猪毛菜、伊犁郁金香、庭荠、羊茅、葫芦芭、顶冰花、针茅等。草地植被覆盖度55%～60%。

土壤为灰棕色的荒漠土，土层较薄，土壤表层和下层有砂砾碎石。

四、气候

春秋场试验示范区属于低山干旱温暖气候区，全年气候干燥，降水少，蒸发量大，冬季寒冷漫长，有积雪。历年平均温度为7.2℃，平均降水量为194.3mm，全年≥0℃年积温4 028.6℃，年均日照2 719.4h，年平均风速2.0m/s，极端最高温度43.5℃，极端最低温度－37℃，无霜期为170天。

第三节　试验设计与试验方法

一、试验设计

草地属草原化荒漠类，草地群落优势种为伊犁绢蒿和短柱苔草。

放牧羊为成年细毛母羊。

春秋场秋季细毛羊放牧压试验设适度放牧和重度放牧两个处理，每个处理试验小区设2个重复。

二、试验方法

（一）测定指标

春秋场秋季放牧时间为9～10月。在适度放牧和重度放牧处理下，测定草地植物群落组成、植被地上和地下生物量、土壤含水量和容重、土壤养分等方面指标，利用HOBO全自动气象站对试验区气象资料进行采集。同时，对试验羊体重进行监测，放牧羊牧食行为采用GPS定位观测。

地上草地样方面积为1m×1m。地下生物量分3层：0～10cm、10～20cm和20～30cm，每层取样测定面积为10cm×15cm。

（二）载畜量计算

1. 每只羊日采食量（干物质）=家畜活体重×2%；

2. 适度放牧载畜率=（历史多年平均牧草产量（历史数据或围栏禁牧区内）×面积×50%/家畜日采食量×放牧天数）×90%；

3. 重度放牧载畜率=（历史多年平均牧草产量（历史数据或围栏禁牧区内）×面积×70%/家畜日采食量×放牧天数）×90%。

（三）数据统计分析

试验数据采用Excel. 2003与DPS7. 5及SPSS19. 0进行统计分析。

第四节　结果与分析

一、降水量和月均温

统计研究区HOBO全自动气象站采集的数据，其结果是：2011年9月、10月降水量分别为0. 0mm和27. 8mm；2012年9月、10月降水量分别为0. 0mm和18. 8mm。具体结果见图5－1和图5－2。初步分析可知，在秋季9～10月，2012年相比2011年是旱年。

二、不同牧压下草地植被变化

表5－1表明，放牧前，不同牧压间的草地群落处在同一水平，其高度、盖度、密度和草产量（鲜重）放牧前无显著差异。放牧后，不管是适度还是重度牧压下，草地的盖度和密度及草产量均比放牧前都有明显的下降。草产量下降最为明显，适度放牧前后分别为：169. 17g/m^{2}和105. 11g/m^2，重度放牧前后分别为：154. 79g/m^{2}和73. 17g/m^2。放牧后，高度、盖度和密度在不同的牧压间的变化差异不显著；草产量在放牧后不同牧压间差异极显著（$P<0.01$）。

表5－2表明，放牧前和放牧后，不同牧压间草地地下生物量0～10cm、10～20cm及20～30cm均差异不显著；同一牧压下，放牧前后草地的地下生物量差异

也不显著。这说明，草地地下生物量对放牧压表现不敏感。

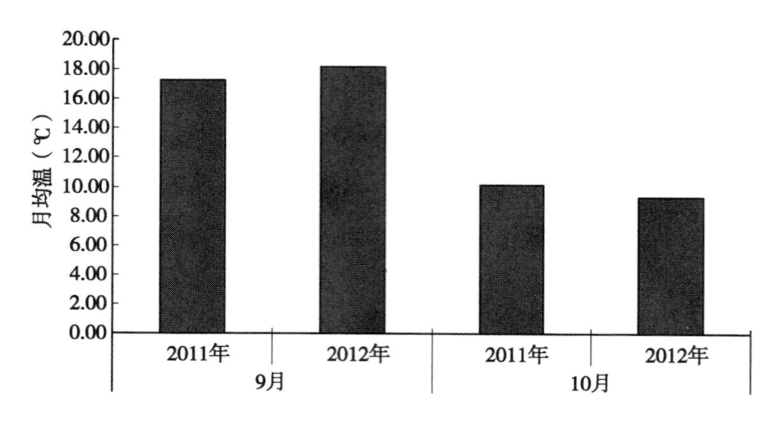

图 5－1　春秋场秋季月均温

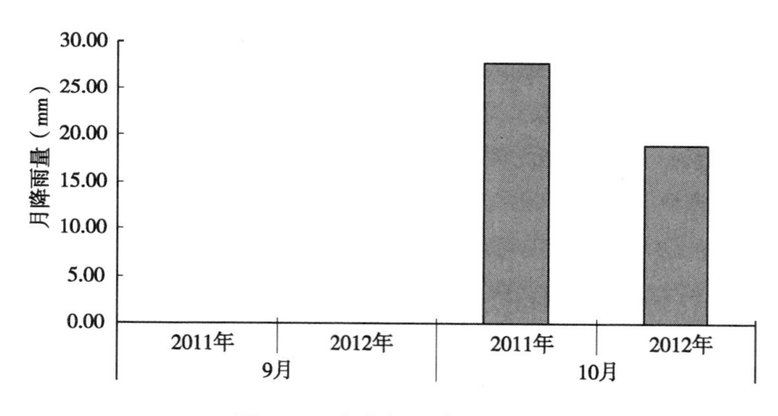

图 5－2　春秋场秋季月降水量

由表 5－3 可知，放牧前，不同牧压间草地主要优势种的重要值差异均不显著；放牧后，同样也不显著。同样，在同一放牧压下放牧前后主要优势种的重要值也均无显著差异。说明，短期内的不同梯度的放牧强度不足以使草地优势种的重要值发生立即的响应和变化。

从表 5－4 看出，在适度放牧和重度放牧压下，放牧前草地优势种地上生物量（鲜重）间的差异不显著，说明放牧处理前草地群落特征相似。适度放牧后，草地优势种伊犁绢蒿和短柱苔草的地上生物量变化差异不显著。而重度放牧后，伊犁绢蒿和短柱苔草的地上生物量明显减少，伊犁绢蒿由 108. 92g/m^2 减少到 56. 25 g/m^2、短柱苔草由 38. 75g/m^2 减少到 10. 73 g/m^2。

以上分析表明，草地的地上生物量和优势种的生物量在适度放牧前和适度放牧后差异不显著。适度放牧后和重度放牧后的差异也不显著，说明草地群落对放牧有一定的拮抗适应性。但是重度放牧前后变化差异极显著（$P<0.01$）。不同牧压下放牧后的草产量的减少主要是优势种伊犁绢蒿和短柱苔草的地上生物量的减少而引起的。这说明本研究区的草地群落组成结构相对简单。

放牧羊（细毛羊）在天山北坡研究区内的草原化荒漠类春秋场秋季主要采食伊犁绢蒿和短柱苔草。适度放牧前后伊犁绢蒿和短柱苔草地上生物量变化差异不显著，重度放牧后伊犁绢蒿和短柱苔草地上生物量变化差异均达到极显著水平（$P<0.01$）。这表明优势种伊犁绢蒿和短柱苔草都表现出一定的耐牧性。短柱苔草以再生为主要放牧适应策略，伊犁绢蒿则以蒿味来应对放牧羊的啃食。

表 5-1　不同牧压下放牧前后草地群落各指标测定结果（M ± SE）

	高度（cm）	盖度（%）	密度（株/m²）	鲜重（g/m²）
适度放牧前	13.25 ± 1.00^{aA}	58.00 ± 5.00^{aA}	192.81 ± 21.93^{aA}	169.17 ± 14.59^{aA}
适度放牧后	10.66 ± 0.96^{aA}	43.00 ± 2.00^{aA}	190.72 ± 18.79^{aA}	105.11 ± 7.60^{bBC}
重度放牧前	12.70 ± 1.70^{aA}	49.00 ± 5.00^{aA}	191.50 ± 21.76^{aA}	154.79 ± 11.59^{aAB}
重度放牧后	14.58 ± 4.59^{aA}	40.00 ± 2.00^{aA}	183.33 ± 11.18^{aA}	73.17 ± 2.68^{bC}

表 5-2　不同牧压下放牧前后草地地下生物量的变化（M ± SE）

单位：g/15cm × 20cm

	0~10cm	10~20cm	20~30cm
适度放牧前	15.70 ± 1.46^{aA}	7.32 ± 1.61^{aA}	4.71 ± 0.91^{aA}
适度放牧后	15.15 ± 2.70^{aA}	7.86 ± 1.23^{aA}	4.80 ± 0.87^{aA}
重度放牧前	13.00 ± 0.84^{aA}	4.76 ± 0.60^{aA}	3.36 ± 1.41^{aA}
重度放牧后	10.72 ± 2.69^{aA}	6.78 ± 0.08^{aA}	4.78 ± 1.03^{aA}

表 5-3　不同牧压下放牧前后草地优势种重要值的变化（M ± SE）

	伊犁绢蒿	短柱苔草
适度放牧前	41.94 ± 4.54^{aA}	39.37 ± 1.66^{aA}
适度放牧后	44.61 ± 2.43^{aA}	48.68 ± 3.27^{aA}
重度放牧前	47.60 ± 2.74^{aA}	37.28 ± 7.46^{aA}
重度放牧后	31.48 ± 3.96^{aA}	33.81 ± 5.02^{aA}

表5-4　不同牧压下放牧前后草地优势种地上生物量的变化（M±SE）

单位：g/m²

	伊犁绢蒿	短柱苔草
适度放牧前	110.61±13.01 [aA]	39.20±8.09 [aA]
适度放牧后	79.00±7.93 [abAB]	16.79±2.51 [abAB]
重度放牧前	108.92±11.60 [aA]	38.75±7.70 [aA]
重度放牧后	56.25±3.17 [bB]	10.73±1.88 [bB]

三、不同牧压下草地土壤变化

（一）不同牧压下草地土壤含水量的变化

表5-5表明，0~10cm草地土壤含水量在适度和重度放牧前差异不显著，在适度放牧后和重度放牧后之间差异也不显著。10~20cm和20~30cm，适度放牧后和重度放牧后与放牧前相比，土壤含水量差异不显著。

虽然0~10cm土壤含水量在适度放牧后和重度放牧后均比放牧前增加，差异极显著（$P<0.01$）。但是，结合月降水量（图5-2）看，2011年和2012年9月降水量均为0mm，2011年和2012年10月降水量分别为27.8mm和18.8mm，两年月降水量平均值为23.3mm。放牧前后土壤含水量的变化主要是月降水量的变化所引起。因此，0~10cm的草地土壤含水量受不同牧压梯度的影响甚小，主要受降水量的影响。

表5-5　不同牧压下放牧前后草地土壤含水量的变化（M±SE）　单位：%

	0~10cm	10~20cm	20~30cm
适度放牧前	7.46±0.23 [aA]	9.12±0.17 [aA]	9.05±0.24 [aA]
适度放牧后	15.03±1.29 [bB]	9.88±0.36 [aA]	8.16±0.74 [aA]
重度放牧前	7.06±0.29 [aA]	8.03±0.34 [aA]	8.23±0.54 [aA]
重度放牧后	14.07±0.46 [bB]	9.00±1.00 [aA]	8.36±1.13 [aA]

（二）不同牧压下草地土壤容重的变化

由表5-6可知，不同牧压下0~10cm和20~30cm草地土壤容重差异不显著。10~20cm，适度放牧前和重度放牧前土壤容重差异不显著；适度放牧前后差异亦不显著；重度放牧前后差异显著（$P<0.05$），但未达到极显著水平。重度

放牧后，0~10cm 土壤容重有所增大，从 1.22g/cm³ 增加到 1.28 g/cm³。这说明，重度放牧后 10~20cm 草地土壤变得紧实。

表 5-6　不同牧压下放牧前后草地土壤容重的变化（M±SE）　单位：g/cm³

	0~10cm	10~20cm	20~30cm
适度放牧前	1.28±0.01[aA]	1.19±0.01[bB]	1.24±0.03[aA]
适度放牧后	1.28±0.04[aA]	1.21±0.01[bAB]	1.20±0.01[aA]
重度放牧前	1.31±0.03[aA]	1.22±0.01[bAB]	1.18±0.05[aA]
重度放牧后	1.25±0.02[aA]	1.28±0.01[aA]	1.25±0.01[aA]

（三）不同牧压下草地土壤 pH 值的变化

从表 5-7 看出，研究区的草地 0~10cm、10~20cm 和 20~30cm 土壤 pH 值在不同放牧压的放牧前和放牧后差异均不显著，同样在相同牧压下的放牧前后差异也不显著。这表明，同一类型的土壤的 pH 值保持稳定状态，放牧压对其影响不大。

表 5-7　不同牧压下放牧前后草地的土壤 pH 值（M±SE）

	0~10cm	10~20cm	20~30cm
适度放牧前	8.06±0.06[aA]	8.10±0.07[aA]	7.57±0.44[aA]
适度放牧后	8.18±0.09[aA]	8.28±0.04[aA]	8.33±0.04[aA]
重度放牧前	7.98±0.03[aA]	8.11±0.04[aA]	8.34±0.05[aA]
重度放牧后	8.19±0.03[aA]	8.23±0.09[aA]	8.16±0.03[aA]

（四）不同牧压下草地土壤养分的变化

表 5-8 表明，0~10cm，全氮、全磷和有机质的含量在不同牧压放牧前和放牧后差异均不显著。全钾在适度放牧前后差异显著（$P<0.05$），适度放牧后有所增加，由放牧前的 2.18% 增加到 2.48%；重度放牧前后差异不显著，但是，放牧后的不同牧压间的差异均不显著。

10~20cm，全氮和全磷含量在不同牧压放牧前和放牧后差异不显著；全钾含量在适度和重度放牧前后差异均显著（$P<0.05$），草地土壤全钾含量放牧后比放牧前都有所增加，放牧后的不同牧压间的差异均不显著。有机质含量在适度和重度放牧前后差异均显著（$P<0.05$），草地土壤有机质含量放牧后比放牧前都

有所减少，放牧后的不同牧压间的差异均不显著。

20～30cm，全氮、全磷和有机质的含量在不同牧压放牧前和放牧后差异均不显著。全钾含量在适度放牧和重度放牧后均有所增加，适度放牧前后差异显著（$P<0.05$），而重度放牧前后差异极显著（$P<0.01$），放牧后的不同牧压间的差异均不显著。

0～10cm、10～20cm 和 20～30cm 的草地土壤全氮、全磷和全钾及有机质的含量变化，在不同牧压间差异都不显著。虽然全钾和有机质的含量在放牧前后表现差异显著（$P<0.05$），但是，放牧后在不同牧压间差异都不显著。放牧前后的变化与不同的放牧梯度无关，可能主要是草地地上和地下土壤系统年季内虽时间自然循环运行和发育的结果。

表 5－8　不同牧压下放牧前后草地的土壤养分（M±SE）

		适度放牧前	适度放牧后	重度放牧前	重度放牧后
0～10cm	全氮（%）	0.26 ± 0.03^{aA}	0.24 ± 0.01^{aA}	0.26 ± 0.01^{aA}	0.23 ± 0.01^{aA}
	全磷（%）	0.07 ± 0.01^{aA}	0.07 ± 0.01^{aA}	0.07 ± 0.01^{aA}	0.06 ± 0.02^{aA}
	全钾（%）	2.18 ± 0.02^{bA}	2.48 ± 0.08^{aA}	2.15 ± 0.02^{bA}	2.41 ± 0.05^{abA}
	有机质（%）	4.90 ± 0.52^{aA}	3.95 ± 0.07^{aA}	5.11 ± 0.41^{aA}	3.95 ± 0.08^{aA}
10～20cm	全氮（%）	0.22 ± 0.01^{aA}	0.20 ± 0.01^{aA}	0.23 ± 0.02^{aA}	0.21 ± 0.01^{aA}
	全磷（%）	0.08 ± 0.01^{aA}	0.06 ± 0.01^{aA}	0.09 ± 0.02^{aA}	0.05 ± 0.01^{aA}
	全钾（%）	2.13 ± 0.03^{bB}	2.41 ± 0.07^{aA}	2.15 ± 0.04^{bB}	2.39 ± 0.01^{aA}
	有机质（%）	4.19 ± 0.11^{aA}	3.29 ± 0.10^{bB}	4.26 ± 0.06^{aA}	3.36 ± 0.10^{bB}
20～30cm	全氮（%）	0.18 ± 0.01^{aA}	0.23 ± 0.06^{aA}	0.20 ± 0.02^{aA}	0.18 ± 0.02^{aA}
	全磷（%）	0.08 ± 0.01^{aA}	0.04 ± 0.01^{aA}	0.08 ± 0.02^{aA}	0.07 ± 0.01^{aA}
	全钾（%）	2.09 ± 0.04^{bB}	2.31 ± 0.02^{aAB}	2.07 ± 0.02^{bB}	2.36 ± 0.06^{aA}
	有机质（%）	3.25 ± 0.25^{aA}	2.69 ± 0.01^{aA}	3.53 ± 0.17^{aA}	2.84 ± 0.01^{aA}

四、不同牧压下牧食行为监测

从 GPS 监测放牧羊的牧食路线（图 5－3 和图 5－4）看出，适度牧压下放牧羊牧食路线相对平缓简单，而重度牧压下放牧羊牧食路线曲折复杂。

五、不同牧压下放牧羊体重和体尺变化

放牧处理前放牧羊的体重之间差异不显著（表 5－9），这说明处理前放牧羊

体重处于同一水平。放牧后，无论是适度放牧还是重度放牧，放牧羊的体重均有所下降。适度放牧前后放牧羊体重分别为 49.89kg 和 47.29kg。重度放牧前后放牧羊体重分别为 50.08kg 和 46.34kg。适度放牧前后和重度放牧前后体重变化均达到极显著水平（$P<0.01$）。但是，处理间最后体重差异不显著。

从表 5－9 的放牧羊体尺测定结果看，不同处理间在放牧前差异显著，因此有关不同放牧压与放牧羊体尺的变化需进一步的试验来研究。

图 5－3　适度放牧放牧羊行走路线

图 5－4　重度放牧放牧羊行走路线

表 5－9　不同牧压下放牧前后放牧羊测定结果（M±SE）

	体重（kg）	体长（cm）	体高（cm）	胸围（cm）	管围（cm）
适度放牧前	49.89±0.74[aAB]	62.03±0.44[bB]	69.76±0.37[aA]	107.69±0.67[bAB]	8.94±0.06[bB]
适度放牧后	47.29±0.67[bBC]	68.75±0.38[aA]	67.72±0.31[bB]	110.18±0.67[aA]	10.64±0.07[aA]
重度放牧前	50.08±0.52[aA]	58.85±0.40[cC]	70.19±0.26[aA]	107.29±0.59[bB]	8.72±0.05[bB]
重度放牧后	46.34±0.45[bC]	68.80±0.38[aA]	67.27±0.32[bB]	109.12±0.57[abAB]	10.73±0.08[aA]

第五节　结论与讨论

一、结论

1. 放牧羊（细毛羊）在天山北坡草原化荒漠类春秋场秋季主要采食伊犁绢蒿和短柱苔草。适度放牧前后伊犁绢蒿和短柱苔草地上生物量变化差异不显著，重度放牧后伊犁绢蒿和短柱苔草地上生物量变化差异均达到极显著水平。这表明优势种伊利绢蒿和短柱苔草都表现出一定的耐牧性。短柱苔草以再生为主要适应策略，伊犁绢蒿则以群落中适口性相对较差来应对放牧羊的啃食。

2. 本研究区的草原化荒漠类草地对放牧有一定的耐压性，但是草地群落组成相对简单，草地群落生态也具有一定脆弱性。从生态角度来看，此类草地不宜过度利用。

3. 春秋场秋季9～10月，草地土壤含水量受不同牧压梯度的影响甚小，主要受降水量的影响。

4. 重度放牧对草地土壤容重影响较大，使草地10～20cm的土壤容重明显增加，使草地土壤变得紧实。这初步表明重度放牧不利于草地植被地下根系的生长和发育。

5. 土壤pH在不同放牧压的放牧前和放牧后差异均不显著，同样在相同牧压下的放牧前后差异也不显著。这表明：同一类型的土壤的pH值保持稳定状态，放牧压对其影响不大。

6. 土壤含水量主要受控于月降水量，与不同的放牧压关系不大。

7. 草地土壤全氮、全磷和全钾及有机质的含量变化，在不同牧压间差异都不显著。全钾和有机质放牧前后的变化与不同的放牧梯度无关，主要是草地地上和地下土壤系统年季内随时间自然循环运行和发育的结果。

8. 适度牧压下放牧羊牧食路线相对平缓简单，而重度牧压下放牧羊牧食路线曲折复杂。

9. 无论适度放牧还是重度放牧，放牧后的放牧羊体重下降，且放牧前后差异极显著（$P<0.01$），不同牧压间差异不显著。这进一步说明本研究区的春秋场秋季的草地群落对放牧有一定的拮抗适应性。

综上所述，从不同牧压下草地植被变化情况来看，山地草原化荒漠草地群落中优势种伊犁绢蒿和短柱苔草均对放牧有一定的拮抗性和适应性。但是，此类草地群落结构简单、生态脆弱，在秋季不易重度牧放。

从不同牧压下草地土壤物理结构和土壤养分变化来看，重度放牧会增加草地的紧实度，不利于草地植被地下根系的生长。而短期内土壤养分不随放牧压的不同而有所变化。

从不同牧压下放牧羊体重变化来看，秋季此类草地在重度牧压和适度牧压下放牧羊的体重均有下降，不同牧压间差异不显著。

以伊犁绢蒿和短柱苔草为优势种的山地草原化荒漠草地秋季不适宜过度利用，相对理想的利用方式为适度放牧。

二、讨论

草地地上植被受气候影响大，尤其受降水量影响大。本研究初步系统研究了天山北坡以伊犁绢蒿和短柱苔草为优势种的山地草原化荒漠草地在不同牧压下放牧羊、草地、土壤的变化关系。综合分析初步确定了此类草地秋季的理想利用方式为适度放牧。有关草地的利用不仅要考虑气候因素的影响，更要考虑不同利用方式的综合影响。

本试验从2011—2012年进行了两年试验。2012年为旱年，春秋场秋季的草地植被生物量低，放牧压试验受到严重影响。本研究是以2011年的数据统计和分析所得结果。因此，有关不同放牧压下的放牧羊、草地植被和土壤的研究还需后续试验进一步完善。

第六章　天山北坡细毛羊冷季舍饲试验示范

第一节　试验示范目的与意义

绵羊是新疆牧区畜牧业的主体畜种，历史以来主要养殖方式是放牧，随着新疆现代畜牧业的向前推进，推行暖季放牧与冷季舍饲生产方式的转变已成为新疆牧区奋斗的目标。同时，国家为保护草原生态，从 2010 年开始实施天然草原"禁牧"和"休牧"、牧民定居政策及草原生态保护补偿奖励机制。因此，转变传统养羊模式已势在必行。

本试验通过对传统四季游牧的羊群采取"暖季放牧，冷季舍饲"生产方式的转变，同时进行生产母羊冷季舍饲试验，通过分组试验，筛选出适宜当地细毛羊冷季舍饲的草料配方、满足营养的饲喂量、饲养成本低的结果，为全面推行细毛羊冷季舍饲提供科学依据。

第二节　试验示范区概况

一、地理位置

试验地点在昌吉市阿什里乡阿什里村努尔太家，该牧民细毛羊生产母羊存栏 200 只。地理位置为 E86°25′～87°26′，N43°14′～45°30′。

二、气候

试验点历年平均温度为 7.2℃，平均降水量为 194.3mm，全年≥0℃年积温 4 028.6℃，年均日照 2719.4h，年平均风速 2.0 m/s，极端最高温度 43.5℃，极端最低温度 -37℃，无霜期为 170 天，冷季长达半年。

第三节　试验设计与试验方法

一、试验设计

根据当地现有的饲草料和家畜营养需求，试验设置了四组饲草料配方，进行生产母羊冬季舍饲配方试验，配方如表 6－1 所示。

表 6－1　2011 年 细毛羊（妊娠母羊）饲料配方　　单位：g/日

组号	内容	青贮	玉米	麦衣子	油渣	麸皮	麦粒
1	配方 1	2 500	200	200	50	50	50
2	配方 2	3 000	200	200	50	50	50
3	配方 3	3 500	200	200	50	50	50
4	配方 4	4 000	200		50	50	

二、试验方法

1. 冷季舍饲饲喂：分别根据试验配方设计，每天早、中、晚各 3 次对试验羊进行饲喂。

2. 体重体尺测定：每组 12 只细毛羊，每隔一个月，对不同处理的试验羊进行体重体尺的测量。

第四节　舍饲基础设施建设

一、青贮设施

建设为满足冬季舍饲饲草料储备和防灾抗灾的需要，修建了容量 200t 的青贮窖。为了减少饲草料的浪费，提高饲草料的利用率，配置了小型草料粉碎机 1 台。

二、草料储备设施建设

为满足冬季舍饲防灾抗灾的需要，建设了 $400m^2$ 的简易草料储备库 1 座。

三、暖圈设施

在原有圈的基础上，对示范户的羊圈进行了加固、保暖、翻新改造，暖圈面积250m^2。

第五节　试验示范结果

一、细毛羊体重测定

由表6-2可知4个处理母羊从2011年11月至2012年3月进行舍饲，体重从11月至2月呈增加的趋势，差异不明显，3月体重下降，11~12月体重基本相同，分别增加了0.41~0.48kg，日增重13.7~16g。12月至次年1月体重分别增加了2.3~5.61kg。1~2月体重分别增加了2.31~3.09kg。2~3月体重分别下降了3.79~6.0kg。各处理试验羊体重从11月至次年2月分别增加了2.09~5.0kg。增幅达到4.4%~10.39%。从开始舍饲至产羔前各处理体重增加差异极显著（$P<0.01$）。2~3月产羔期间，体重呈下降的趋势。

表6-2　舍饲细毛羊体重变化

	1组	2组	3组	4组
2011年11月	47.52±2.36 Bb	46.88±5.87 Bb	48.14±1.59 Cd	45.33±1.97 Cd
2011年12月	47.93±3.11 Bb	47.24±5.12 Bb	48.59±3.73 Cd	45.81±4.39 Cd
2012年1月	50.23±3.08 ABb	51.25±5.88 ABab	54.20±4.04 AaBb	51.20±5.27 ABab
2012年2月	52.54±3.92 Aa	53.57±6.70 Aa	57.29±4.61 Aa	54.20±5.50 Aa
2012年3月初	47.77±3.25Bb	49.20±7.43ABa	54.55±6.84Aab	49.2683±5.41BCbc
2012年3月底	49.75±3.25 ABb	48.97±4.44 ABa	53.14±5.89 ABCbc	48.20±5.09 BCbcd

二、试验示范结果分析

（一）不同处理的体重分析

经过5个月的试验，由表6-2可知第一组处理增重4.98kg。第二组处理增重6.69kg。第三组处理增重9.18kg。第四组处理增重8.87kg。从增重效果来看，饲喂量最多的第三组处理增重效果最佳。由图6-1可知，4个处理母羊体重的变化趋势基本相同，均表现出 2011 年 12 月至 2012 年 2 月期间体重逐渐增加，2012 年 2 月至 3 月体重略有下降，原因是因为产羔所致。通过方差分析判断，4 个处理间差异不显著，说明在精料基本不变的情况下，饲喂青贮量在 2 500 ~ 3 500g/日均可，但考虑节约成本，可以选择青贮量小量的配方进行饲喂。

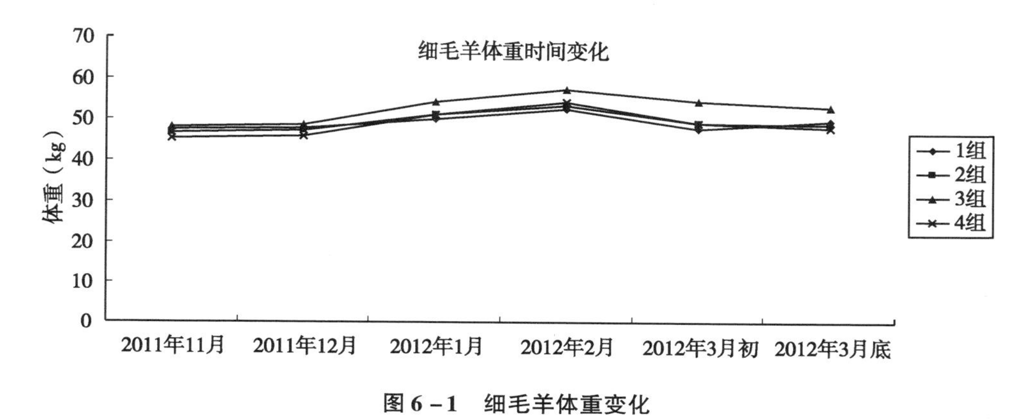

图 6－1　细毛羊体重变化

（二）不同处理的成本效益分析

从 11 月至翌年 3 月 5 个月的时间，150 天计，按市场价计青贮 0.3 元/kg，玉米 2.5 元/kg，麸皮 1.2 元/kg，油渣 1.7 元/kg，麦粒 1.6 元/kg，麦衣子 0.4 元/kg。每只生产母羊日舍饲成本第一组处理 1.555 元，第二组处理 1.705 元，第三组处理 1.855 元，第四组处理 1.845 元。每只生产母羊冷季舍饲的成本第一组处理 233.25 元，第二组处理 255.75 元，第三组处理 278.25 元，第四组处理 276.75 元。

从 11 月至次年 3 月产羔前，第一组处理增重 4.98kg。第二组处理增重 6.69kg。第三组处理增重 9.18kg。第四组处理增重 8.87kg。

第六节　结论与讨论

一、结论

通过对比分析舍饲试验羊的体重，在舍饲第一个月的增重变化不大，第二个月开始变化明显，根据不同处理的成本和效果分析，在精料饲喂标准不变的情况下，饲喂青贮量 3 500g/日的效果最好，但综合成本和增重效果，可选择日饲喂青贮量 2 500g、玉米 200g、麦衣子 200g、油渣 50g、麸皮 50g、麦粒 50g 的饲喂标准。

二、讨论

1. 定居舍饲是牧区传统畜牧业生活生产方式的改变，与其自身经济条件的改善密不可分，投入适当的成本进行舍饲可达到较好的收益，本试验通过初步的研究为定居牧民从冬季放牧向舍饲生产方式的转变提供技术支持。

2. 不论冷季补饲或冷季舍饲，成本都要比天然草地全年放牧高出许多，但考虑到天然草地第一性生产具有明显季节性，且冷季持续放牧既难满足家畜营养需求，从一定程度上又是对草地的一种浪费。因此，综合考虑草畜耦合系统的生态、经济效益以及牧民生活，认为实施冷季舍饲是必要的，至于舍饲多长时间，则要根据不同地区自然条件、生产条件和经济条件而定。

第七章　天山北坡试验示范区草地承载力监测

第一节　草地生产力动态监测

试验示范区草地类型分别为山地草原化荒漠草地和山地草甸草地，山地草原化荒漠草地优势种为伊犁绢蒿和短柱苔草，山地草甸草地优势种为禾草、细果苔草，杂类草。2011 年、2012 年，连续两年对两种草地类型进行了动态监测，监测了草地群落高度、盖度、密度和地上生物量。

一、山地草原化荒漠生产力动态监测

研究区用 HOBO 全自动气象站采集的数据，在整个放牧季，2011 年月降水量均高于 2012 年。2011 年 5 月的降水量最大，两年期间，9 月都没有降水，月降水量均为零。2012 年 10 月的月降水量最高，月均温 2011 年低于 2012 年，各月均温变化趋势一致（图 7 - 1 和图 7 - 2）。

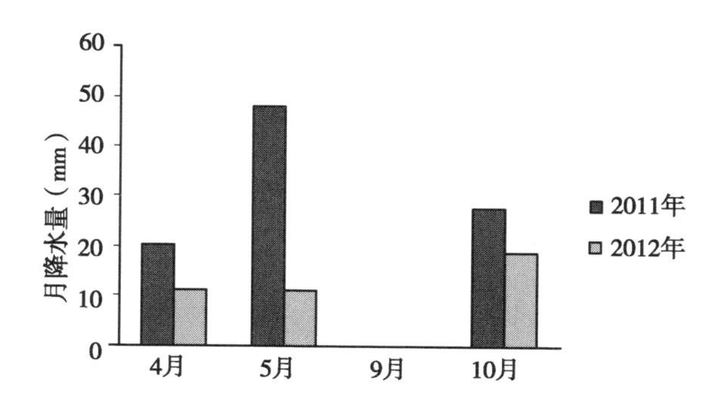

图 7 - 1　山地草原化荒漠区月降水量变化趋势

由表 7 - 1 和图 7 - 3 可以看出，山地草原化荒漠草地植被的高度、盖度、密

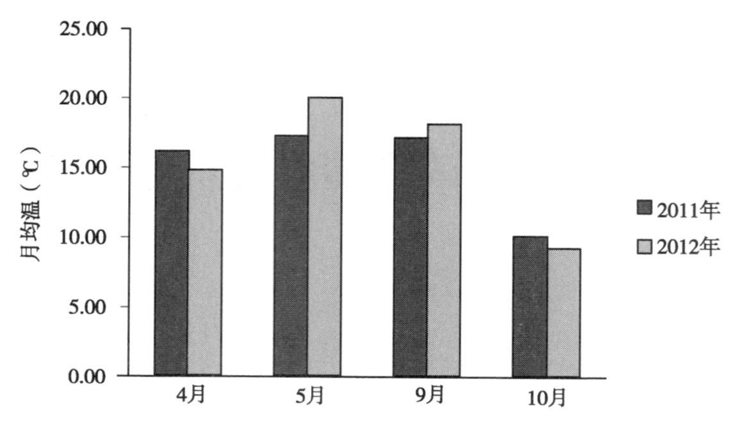

图 7－2　山地草原化荒漠区月均温变化趋势

度和生物量变化曲线各有不同，但其变化趋势基本相同，均呈现“升高→降低→再升高→再降低”的趋势，都表现出在 4～6 月呈现逐渐升高状态，且在 6 月达到一个较高的值；随之在 8 月出现低谷，待 9 月又有所回升，10 月又出现小幅回降。各指标的变化趋势基本符合荒漠植物生长规律，即春季返青后由于温度和水分适宜，植被迅速生长，此时，也有大量短命、类短命植物发育，群落高度、盖度、密度及地上生物量快速升高，至 6 月后，天气转热，加之降水量减少，短命、类短命植物生育期结束；至 7～8 月伊犁绢蒿进入休眠期，停止生长，群落的平均高度、盖度、密度及地上生物量有所下降，9 月，气候转凉，伊犁绢蒿的休眠期结束，植被进入生殖生长期；10 月，气候变冷，植物停止生长。2012 年的地上生物量全年均低于 2011 年，只有一个峰值，结合气象数据分析，2012 年气候干旱，温度高，自 5 月起逐月下降。

表 7－1　山地草原化荒漠生产力动态监测

项目	高度（cm）		盖度（%/m²）		密度（株/m²）		生物量（g/m²）	
	2011 年	2012 年	2011 年	2012 年	2011 年	2012 年	2011 年	2012 年
4 月	12.11	15.69	42.67	56.67	94	169	181.00	35.00
5 月	13.43	10.09	51.67	44.67	161	151	213.67	114.33
6 月	17.94	19.50	58.00	67.00	238	228	378.67	75.50
7 月	11.81	11.70	46.33	50.25	204	231	267.67	58.65
8 月	10.24	12.11	53.33	48.30	190	201	206.33	40.20
9 月	15.09	13.56	55.33	46.33	228	17	366.67	41.00
10 月	15.51	12.11	49.00	37.33	89	177	215.33	31.00

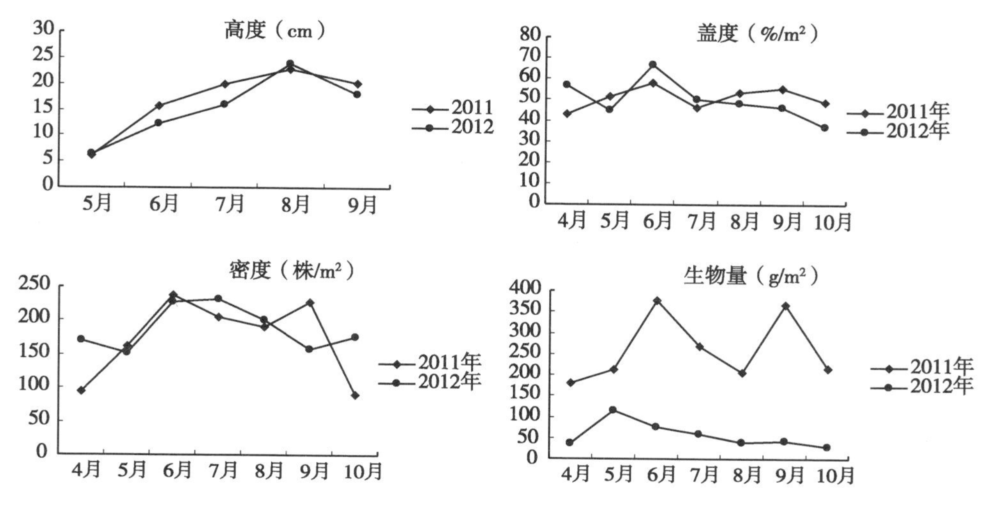

图 7－3 山地草原化荒漠动态监测

二、山地草甸生产力动态监测

由图 7－4 和图 7－5 可以看出，在放牧季，山地草甸区 2011 年月降水量 7 月低于 8 月，2012 年相反，7 月高于 8 月。2011 年和 2012 年的月均温变化趋势与月降水量完全相反，2011 年 7 月高于 8 月，2012 年 7 月低于 8 月。

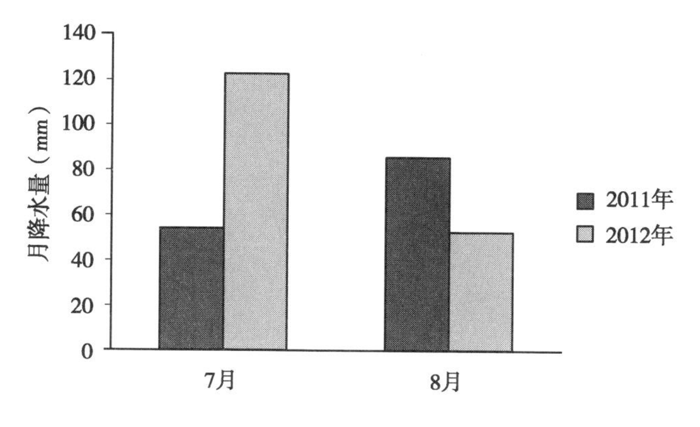

图 7－4 山地草甸区月降水量变化趋势

由表 7－2 和图 7－6 可知，山地草甸植被的高度、盖度、密度及地上生物量与山地草原化荒漠植被生长趋势不同。山地草甸植物群落的生长趋势呈现“升高→降低”的变化曲线，即从 5 月初返青后群落生长呈现持续升高的状态，至 8 月达到年内峰值，9 月开始枯黄，生物量下降。

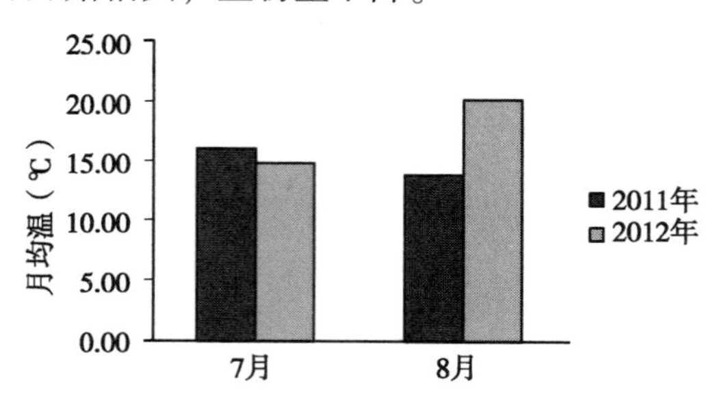

图 7－5　山地草甸区月均温变化趋势

表 7－2　山地草甸草地生产力动态监测

项目	高度（cm）		盖度（%/m²）		密度（株/m²）		生物量（g/m²）	
	2011 年	2012 年	2011 年	2012 年	2011 年	2012 年	2011 年	2012 年
5 月	6. 01	6. 50	25. 33	28. 25	104	96	80. 33	82. 50
6 月	15. 61	12. 29	65. 00	70. 00	110	104	357. 00	353. 00
7 月	20. 00	15. 88	97. 33	67. 00	257	140	648. 67	787. 67
8 月	22. 80	23. 90	101. 00	92. 33	343	245	682. 33	646. 00
9 月	20. 21	17. 95	99. 33	77. 33	304	321	467. 00	631. 67

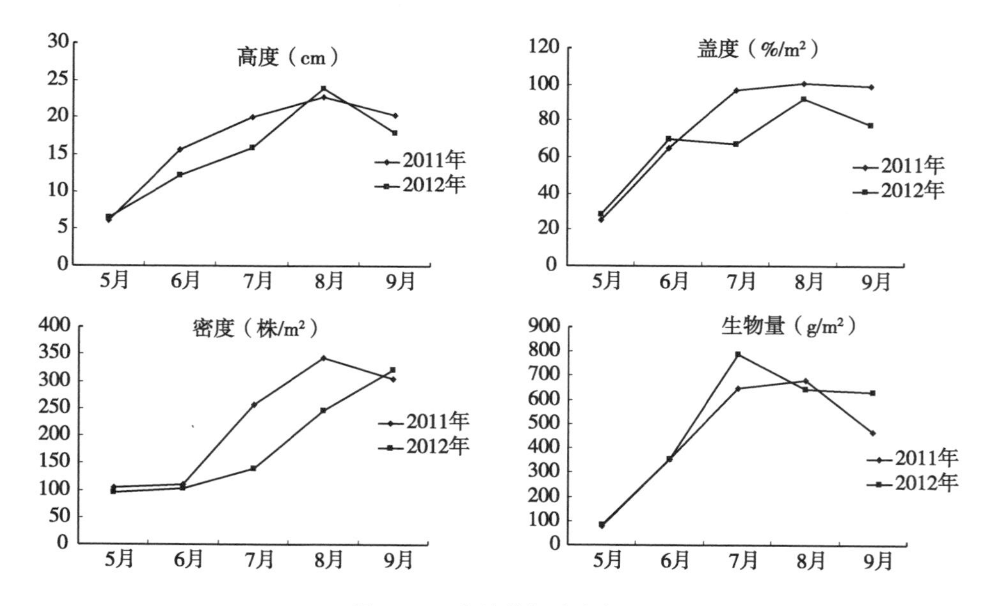

图 7－6　山地草甸动态监测

第二节　草地可食性牧草采食规律与营养动态监测与评价技术

利用扣笼法对春秋场、夏场可食牧草的采食量及采食规律进行分析（表7－3）。根据扣笼内外的生物量变化情况，计算出山地草原化荒漠草地（春秋场）的日采食量为4.60kg/只，山地草甸草地（夏场）的日采食量为6.00kg/只。

表7－3　日食量计算

（kg/只）

项目	山地草原化荒漠草地	山地草甸草地
日采食量	4.60	6.00

注：日食量为鲜草

对比扣笼内外物种重要值的变化情况，分析了放牧家畜采食规律。山地草原化荒漠草地优势种为伊犁绢蒿和短柱苔草，伴生种有羊茅、兔儿条，植被盖度较低。由表7－4看出，4月主要采食一年生植被、针茅和杂类草，5月相对采食兔儿条量较多一些，这期间正是兔儿条枝繁叶茂时期，枝叶较嫩，适口性好。

表7－4　山地草原化荒漠草地扣笼内外群落物种重要值变化

植物名称	4月		5月	
	扣笼内	扣笼外	扣笼内	扣笼外
伊犁绢蒿	45.08	24.15	39.20	20.08
短柱苔草	28.72	25.89	32.66	19.93
羊茅	8.28	4.87	9.46	4.47
兔儿条	4.28	1.53	8.20	2.00
葫芦芭	0.38			
顶冰花	3.62			
杂类草	12.58		11.30	
针茅	0.42		0.28	

山地草甸草地主要优势种为禾草、细果苔草、杂类草，伴生种有糙苏、老鹳草、委陵菜等杂类草，植被盖度较大。由表7－5可得出，6月细果苔草、铁杆蒿、针茅和杂类草的采食率较高，7月和8月主要采食禾草、糙苏、老鹳草、委陵菜和其他杂类草，不采食针茅和苔草。

表 7－5　山地草甸草地扣笼内外群落物种重要值变化

植物名称	6月		7月		8月	
	扣笼内	扣笼外	扣笼内	扣笼外	扣笼内	扣笼外
禾草	14.92	32.55	18.19	6.69	26.20	5.02
细果苔草	28.35	21.74	19.32	35.23	25.87	62.35
糙苏	10.63	13.15	13.22	1.66	12.03	2.06
老鹳草	5.27	14.41	8.77	3.89	9.27	0.76
铁杆蒿	0.72		0.53			
萎陵菜			14.52		10.75	6.02
针茅	12.05		14.46	51.53	7.57	19.92
米奴草			0.77		0.78	
小龙胆			0.38			
唐松草			1.20		0.84	
红豆草			0.47			
勿忘我			0.46			
补血草			1.30			
冷蒿			0.66			
黄花蒿			7.31			
水杨梅			0.35			
火绒草					2.62	2.00
金老梅					2.63	
杂类草	21.17	17.63				

第三节　结论与讨论

一、结论

1. 山地草原化荒漠草地植被的高度、盖度、密度和生物量变化曲线各有不同，但其变化趋势基本相同，均呈现“升高→降低→再升高→再降低”的趋势。

2. 山地草甸植物群落的生长趋势呈现升高降低的变化曲线，8 月达到年内地上生物量最高峰。

3. 在适度放牧条件下，细毛羊在山地草原化荒漠草地的日采食量为 4.60kg，在山地草甸草地的日采食量为6. 00kg。

二、讨论

不论是山地草原化荒漠草地还是山地草甸草地，地上生物量的高与低，除受放牧利用轻重程度影响外，受降水量影响也较大。本试验在2011年和2012年试验期间，2012年相对于2011年干旱，因此，2012年草地植被地上生物量非常低，造成当年载畜能力大幅度降低，对试验结果有一定影响。

依据共性试验要求，利用扣笼内外地上生物量差值计算细毛羊日采食量。由于扣笼试验是在不同牧压下设置的，因此本试验计算的是适度放牧条件下的日采食量。

第八章　天山北坡家畜生产结构优化技术示范

第一节　研究目的及意义

家畜生产结构优化包括畜群结构的优化和生产结构的优化，只有畜群结构、生产结构、饲养方式合理的条件下，畜牧业经济效益才能达到最佳状态。多年来，畜牧业主管部门和牧民群众都在为牲畜出栏率和更高的经济效益而努力。在新疆细毛羊的畜群结构优化中，生产母羊应该占羊群比例为多少？后备母羊应该占多少？生产母羊的年龄结构应该达到一个什么样的结构？生产母羊几岁被淘汰？细毛羊应该朝着哪个方向改良？这些都是家庭牧场细毛羊发展中面对的一个生产实际问题。

本研究以新疆昌吉市阿什里乡阿什里村牧民努尔太试验示范户为例，调整该户牧民现有畜种畜群结构，为昌吉市阿什里乡畜牧业生产提供示范。

第二节　2009—2012年家畜结构及数量调查

2009—2012年的家畜结构调查见表8－1。示范户家有马、牛、牦牛、细毛羊（包括杂种羊）、粗毛羊、山羊。马的养殖数量变化不大；牛最高养殖年份为2011年，为27头，至2012年下降为15头；牦牛数量至2012年仅为3头；细毛羊的数量变化较大，由2009年的135只增加至2012年的235只；粗毛羊和山羊的数量呈明显下降趋势，至2012年粗毛羊仅剩1只，山羊调整为0。从繁殖率来看，2009年母马的繁殖率为100%，2012年仅为50%；2009年母牛的繁殖率为120%，2012年仅为50%；牦牛的繁殖率则逐年下降，至2012年繁殖率为0.0%。说明示范户家大畜的生产水平很低，而且呈下降趋势。

表 8－1　2009 至 2012 年畜结构　　单位：匹、头、只

畜名		2009 年	2010 年	2011 年	2012 年
马	羯马	4	3	3	5
	成年母马	4	5	4	6
	马驹	4	4	8	3
小计		12	12	15	14
牛	羯牛	7	6	9	3
	成年母牛	5	9	10	8
	犊牛	6	9	8	4
小计		18	24	27	15
牦牛	成年公牦牛	5	6	0	0
	成年母牦牛	5	6	4	3
	犊牦牛	2	2	4	0
小计		12	14	8	3
新疆细毛羊	种公羊	0	2	6	5
	生产母羊	135	194	218	230
小计		135	196	224	235
粗毛羊	/	45	45	7	1
山羊	/	57	0	0	0

第三节　2009—2012 年家畜结构及数量的变化率

2009 年至 2012 年家畜结构的变化率见表 8－2。按自然头数合计，马的变化率不大，牛从 6.45% 下降至 4.93%，牦牛从 4.30% 下降至 0.99%，粗毛羊从 16.13% 下降至 0.33%，山羊从 20.43% 下降至 0.00%，细毛羊从 48.39% 上升至 73.36%。从家畜结构的变化率可以看出，除了细毛羊的比例在大幅度上升以外，其他畜种比例均在下降。

表 8－2　家畜结构变化　　单位：匹、头、只、%、羊单位

	时间	自然头数合计	其中：马	牛	细毛羊	粗毛羊	山羊	牦牛	折合为羊单位
年末存栏	2009 年	279	12	18	135	45	57	12	460
	2010 年	291	12	24	196	45	0	14	517
	2011 年	281	15	27	224	7	0	8	504
	2012 年	304	14	15	223	1	0	3	401
畜种结构	2009 年	279	4. 30%	6. 45%	48. 39%	16. 13%	20. 43%	4. 30%	460
	2010 年	291	4. 12%	8. 25%	67. 35%	15. 46%	0. 00%	4. 81%	517
	2011 年	281	5. 34%	9. 61%	79. 72%	2. 49%	0. 00%	2. 85%	504
	2012 年	304	4. 61%	4. 93%	73. 36%	0. 33%	0. 00%	0. 99%	401

第四节　草地载畜量的核算及配置

示范户原有草地面积及载畜量情况见表 8－3。春秋场面积为 1 218亩，夏场面积为 540 亩，年内最高载畜季节在夏季，为 241 个羊单位。通过围栏、轮牧等措施，草地单产有一定提高，春秋场春季产量提高 27. 4kg ／亩，夏场提高 97. 20kg/亩，春秋场秋季提高 7. 44kg/亩（表 8－4）。并示范户通过承包集体和其他牧民草场，扩大春秋场 1 217亩，扩大夏场 210 亩。现有春秋场春季最多可载畜 439 个羊单位，夏场最多可载畜 416 个羊单位，春秋场秋季最多可载畜 435 个羊单位（表 8－4）。

表 8－3　原有草地载畜量情况

单位：亩、kg/亩、kg、羊单位　（鲜草）

	草地面积	单产	饲草贮存量	日食量	草地季节载畜量
春秋场（春）	1 218	97. 20	47 355. 84	4. 6	172
夏场	540	401. 80	130 183. 2	6. 0	241
春秋场（秋）	1 218	100. 55	48 987. 96	4. 6	177

为改良细毛羊品种，试验期先后购买德国美利奴种公羊 6 只（1 只死亡），经过 4 年的品种改良，目前，细毛羊品种纯度增大，逐渐趋于整齐、均匀化。产毛率较改良前增加，给示范户带来了经济效益（表 8－5）。畜种畜群结构调整是

一个漫长的过程，他需要综合考虑天然草地、人工草料地、市场需求、财力保障、品种改良技术、基础设施条件等，基于对示范户现有条件的综合考虑，我们对示范户的家畜整体结构进行了规划，具体规划见表8－6。

表8－4　现有草地载畜量情况

单位：亩、kg/亩、kg、kg/日、羊单位　（鲜草）

	草地面积	单产	饲草贮存量	日食量	草地季节载畜量
春秋场（春）	2 435	124.60	121 360.40	4.6	439
夏场	750	499.00	224 550.00	6.0	416
春秋（秋）	2 435	107.99	120 164.33	4.6	435

规划到2015年年底，示范户牲畜存栏调整到252头（只），畜种结构为羊240只，占95.2%；马2匹，占0.8%；牛10头，占4%。牛犊、羔羊（挑选后备母羊剩余部分）和淘汰母羊在秋季出栏。

表8－5　成年细毛母羊品种改良前后产毛均值的变化

	2009年	2012年
产毛均值（kg）	3.90	4.00

表8－6　畜群结构规划　　单位：匹、头、只、羊单位

畜种	马		牛		细毛羊				自然头数
	成年马	马驹	成年牛	牛犊	生产母羊	后备母羊	种公羊	羔羊	
自然头数	2	0	10	4	200	35	5	196	452
	折合羊单位		折合羊单位		折合羊单位				年内最高饲养量羊单位
羊单位	12		55		338				405
	年末存栏头数								252

按细毛羊畜群结构调整需要五年计算，规划到2015年年底，示范户细毛羊存栏数量保持在240只，其中，生产母羊200只，每年选留后备母羊35只，种公羊保持在5只。细毛羊群的结构为生产母羊占83%，后备母羊占15%，种公羊占2%。在98%的母羊中：1岁母羊占15%，2岁母羊占15%，3岁母羊占14%，4岁母羊占14%，5岁母羊占14%，6岁母羊占13%，7岁母羊占13%

（产羔后淘汰出栏）。通过逐年调整优化，截至目前，已经形成了一个较为规范、具有一定规模以细毛羊专业化生产为主的家庭牧场。

第五节　结　论

一、品种改良技术

引进德国美利奴种公羊，改良新疆细毛羊品种，使细毛羊种群结构逐渐均匀一致，个体产肉、产毛生产水平提高。

二、围栏和轮牧技术

通过围栏和轮牧，草地鲜草单产提高，春秋场春季由原来的97.20kg/亩（1亩≈667m^2。全书同）提高到124.00kg/亩；夏场由401.80kg/亩提高到499.00kg/亩；春秋场秋季由100.55kg/亩提高到107.99kg/亩。

三、家畜结构的配置

规划到2015年年底，示范户牲畜存栏调整到252头（只），畜种结构为羊240只，占95.2%；马2匹，占0.8%；牛10头，占4%。牛犊、羔羊（挑选后备母羊剩余部分）和淘汰母羊在秋季出栏。

四、细毛羊年龄结构的配置

按细毛羊畜群结构调整需要五年计算，规划到2015年年底，示范户细毛羊存栏数量保持在240只，其中生产母羊200只，每年选留后备母羊35只，种公羊保持在5只。细毛羊群的结构为生产母羊占83%，后备母羊占15%，种公羊占2%。在98%的母羊中：1岁母羊占15%，2岁母羊占15%，3岁母羊占14%，4岁母羊占14%，5岁母羊占14%，6岁母羊占13%，7岁母羊占13%（产羔后淘汰出栏）。通过逐年调整优化，形成一个较为规范、具有一定规模以细毛羊专业化生产为主的家庭牧场。

第九章　天山北坡草地植物群落季节营养物质含量的变化研究

第一节　研究目的及意义

新疆是我国主要畜牧产区，细毛羊生产主要以放牧为主，补饲为辅，细毛羊暖季摄入的营养基本由牧草提供，由于牧草生长具有明显的季节性，其营养成分也随季节发生变化，造成单纯放牧的细毛羊每年出现“夏壮、秋肥、冬瘦、春乏”的局面，严重影响了当地养羊业的经济效益。

我国可供家畜采食的牧草种类达4 296种。优质牧草不仅可以为家畜提供丰富的蛋白质、脂肪和氨基酸，还可以提供许多维生素、矿物质和生长所必需的酶类等多种营养物质，是发展畜牧业的重要物质基础；不仅如此，牧草还可以在不宜生产人类食物的土地上生长，并且单位面积的牧草产量高，单位营养成本比其他饲料低。人口的不断增长和经济的迅速发展，使草地的载畜量急速上升，再加上掠夺式的放牧利用、低水平管理以及气候的变化等自然因素的干扰，造成了天然草地大面积退化。其中，不合理的活动，如对草地的农业用地开垦和过度放牧利用加剧了天然草地的退化进程。近年来，人们在草地的营养价值研究及其利用方面做了大量的工作，也取得了一定的成果。本研究旨在揭示草地植物群落在不同牧压下其营养物质含量是如何变化的，探讨放牧对植物群落营养物质的影响，并从牧草营养变化角度寻找最佳放牧组合方式。

第二节　研究区概况

春秋场位于新疆昌吉市阿什里乡的天山北坡低山带，在一年中同一区域春秋两季利用。春季利用2个月，秋季利用2个月，在草地畜牧业生产中占有重要地位，从牧业生产看，春季担负着家畜体膘的恢复和产羔育幼，秋季担负着小畜配种任务。示范户的春秋场地理位置为 E 86°58′8.5″～86°59′8.2″，N 43°51′5.8″～43°51′30″，海拔 1 200～1 300m。围栏面积为 2 435亩，其中，试验小区面积 850亩。草地类型属于山地草原化荒漠，主要建群植物伊犁绢蒿、短柱苔草，主要伴生植物有兔儿条、角果藜、一年生猪毛菜、伊犁郁金香、庭荠、羊茅、葫芦芭、顶冰花、针茅等。草地植被覆盖度 55%～60%。

夏场研究区位于新疆昌吉市中山带阿什里乡，天山北坡中山带海拔 2 200m，地理位置为 E86°42.192′～86°42.300，′N43°35.844′～43°36.330′。全年气候较湿润，降水多，冬季有积雪。土壤深厚，肥沃。植物生长季在 5～9 月。为典型的山地草甸类草地，植物种类丰富，建群种为禾草、细果苔草、杂类草，在生产上主要作为夏场利用。研究区于 2010 年 7 月进行围栏保护，夏场面积 750 亩，其中试验小区面积 220 亩。

第三节　试验设计

一、试验设计

在研究样地内依据山体的坡向设置固定样带，不同的样带内各设置 3 条样线。设置 3 个处理，依次为零放牧（不放牧）、适度放牧和重度放牧，2 次重复。采用细毛羊为放牧对象，试验羊采用耳标标记和打号标记共用法，保证试验羊不丢失，不混乱，分别在 2011 年和 2012 年的春季 4～5 月利用，夏季 6～8 月利用，秋季 9～10 月利用。

载畜量的计算：

（1）每个羊日采食量（干物质）＝家畜活体重×2%；

（2）适度放牧载畜率＝（历史多年平均牧草产量（历史数据或围栏禁牧区内）×面积×50%/家畜日采食量×放牧天数）×90%；

（3）重度放牧载畜率＝（历史多年平均牧草产量（历史数据或围栏禁牧区内）×面积×70%/家畜日采食量×放牧天数）×90%。

二、取样方法

2011 年和 2012 年的 4 月初（春季放牧前）、5 月底（春季放牧后）、6 月初（夏季放牧前）、8 月底（夏季放牧后）、9 月初（秋季放牧前）、10 月底（秋季放牧后）分别在各处理的每条样线上随机测定样方3个，采集植物混合样500～1 000g，风干后用于营养指标的测定。

植物营养测定指标：粗蛋白、粗脂肪、NDF、ADF、Ca、P、消化率；2011和2012年分别送往甘肃农业大学动物科学学院和新疆农业大学草业与环境科学学院进行测定其营养成分。

三、数据处理

利用Excel 2003和DPS 7.0统计软件进行相关统计与分析。

第四节　结果与分析

一、春秋场春季放牧前后粗蛋白、粗脂肪的变化

由图9－1可知，春秋场春季放牧前零放牧的粗蛋白较放牧后粗蛋白高，是由于零放牧没有家畜啃食，牧草的生长点没有得到刺激所致；适度放牧和重度放牧条件下的粗蛋白均是放牧前低于放牧后，是由于春季草地植物群落的结构不同和家畜啃食所致，草地植物中伊犁绢蒿的粗蛋白较其他牧草粗蛋白含量高，但早春时期，伊犁绢蒿长势不如短命植物，伊犁绢蒿才刚刚萌发，在牧草中占据比例较小，此时，牧草中的粗蛋白含量以短命植物为主。待春季末期，短命植物结束了生命周期，在草地群落中减少，而伊犁绢蒿正处于营养生长旺盛期，占据群落的主导地位，因此牧草粗蛋白含量以伊犁绢蒿为主，表现出升高的趋势。粗脂肪含量变化，各处理均是春季放牧前高于放牧后，可能与植物的生长特性有关。

从方差分析结果看，春秋场春季放牧前各处理间粗蛋白和粗脂肪差异均不显著。而春季放牧后，粗蛋白表现出各处理间差异极显著（$P<0.01$），粗脂肪表现出零放牧和适度放牧间差异不显著，重度放牧与其他处理间差异显著（$P<0.05$），说明重度放牧对草地粗蛋白和粗脂肪的营养大于适度放牧和零放牧。

二、夏季放牧前后粗蛋白、粗脂肪的变化

由图9－2可知，夏季放牧前各处理粗蛋白和粗脂肪均较夏季放牧后粗蛋白和粗脂肪含量高，原因可能是放牧前（6月初）正是植物营养生长的旺盛期，植株叶片鲜嫩、茎秆脆嫩，营养物质含量较高；放牧后（8月底）正是植物物候期

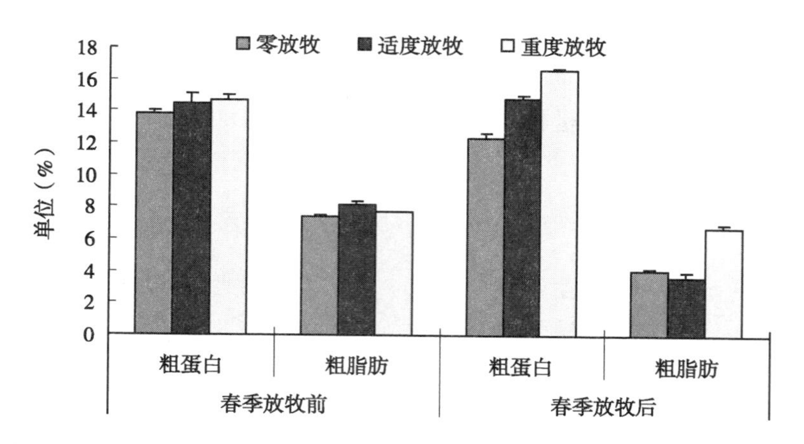

图 9－1　春秋场春季放牧前后不同处理下草地植物粗蛋白和粗脂肪的变化

结束的时候，植株叶片枯黄、茎秆老化，植株营养物质含量变低。从方差分析结果来看，夏季放牧结束后，适度放牧和重度放牧间差异显著（$P<0.05$），零放牧与适度放牧和重度放牧间差异极显著（$P<0.01$）。

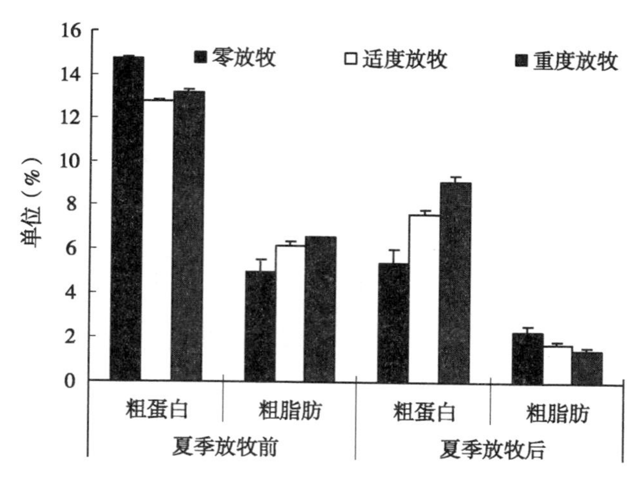

图 9－2　夏季放牧前后不同处理下草地植物粗蛋白和粗脂肪的变化

三、春秋场秋季放牧前后粗蛋白、粗脂肪的变化

春秋场秋季放牧前后粗蛋白和粗脂肪的变化见图 9－3。春秋场秋季放牧前，各处理粗蛋白的变化与春季放牧前状态相似，且各处理间差异不显著。粗脂肪与春秋相比变化不同，秋季放牧前重度放牧与其他两个处理间差异显著（$P<$

0.05)，可能与春季放牧有关。秋季放牧后，粗脂肪则表现为重度放牧与适度放牧间差异达显著（$P<0.05$）。

从方差分析结果来看，春秋场春季放牧对草地植物粗蛋白和粗脂肪的影响主要集中在放牧后，秋季草地植物粗脂肪含量受春季放牧的影响大于粗蛋白，且秋季放牧后粗蛋白和粗脂肪含量均是重度放牧下最低。

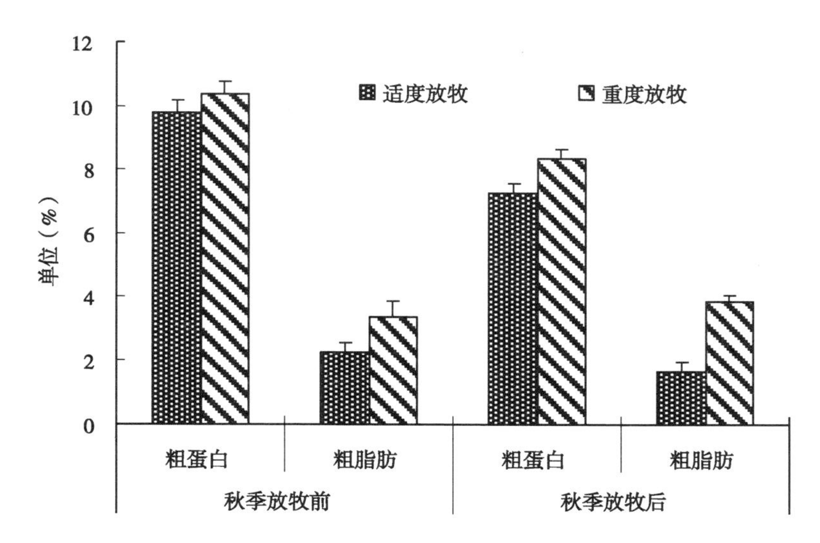

图 9-3 春秋场秋季放牧前后不同处理下草地植物粗蛋白和粗脂肪的变化

四、春秋场春季放牧前后 NDF 和 ADF 的变化

由图 9-4 可知，NDF 含量高于 ADF，且春秋场春季放牧前均大于放牧后。从方差分析结果看，各处理间春季放牧前后差异均不显著。

五、夏季放牧前后 NDF 和 ADF 的变化

由图 9-5 可知，夏季放牧后 NDF 和 ADF 在各处理下都略有增加。原因可能是秋季植物体内纤维含量增加的缘故。以零放牧的 NDF 和 ADF 增加较明显。放牧前 3 个处理的 NDF 和 ADF 含量不在同一水平上，但仅表现在 $P<0.05$ 水平上，放牧后，3 个处理间表现出极显著差异（$P<0.01$）。

六、春秋场秋季放牧前后 NDF 和 ADF 的变化

春秋场秋季放牧前与放牧后，NDF 和 ADF 含量在两处理间差异均不显著

（图9－6）。

说明放牧对秋季植物NDF和ADF含量影响不大。

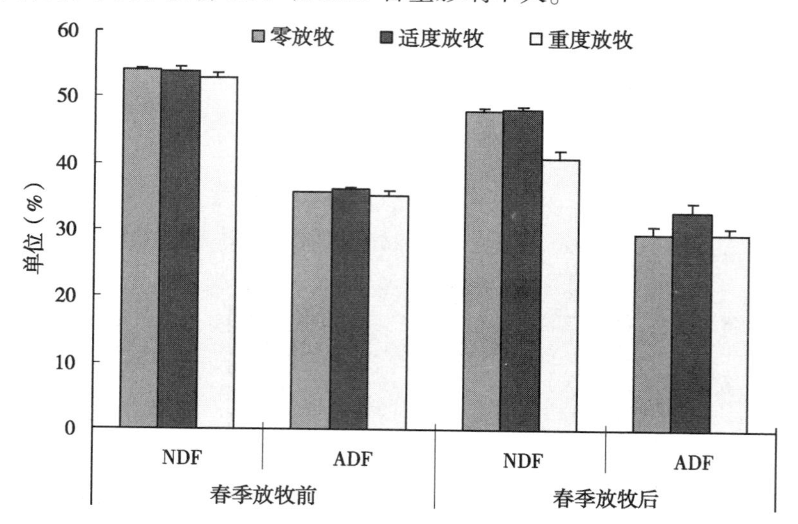

图9－4　春秋场春季放牧前后不同处理下草地植物NDF和ADF的变化

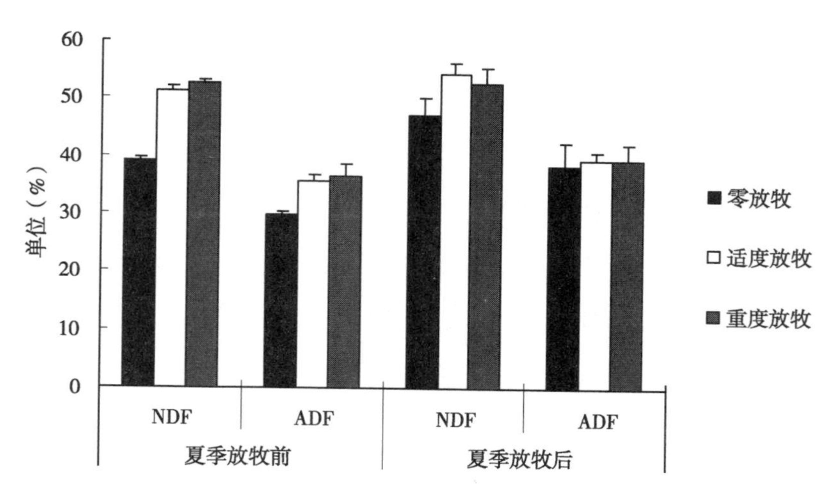

图9－5　夏季放牧前后不同处理下草地植物NDF和ADF的变化

七、春秋场春季放牧前后Ca和P的变化

春季草场植物含磷量明显高于含钙量（图9－7）。从方差分析结果看，春季放牧前各处理间Ca和P的差异均不显著。春季放牧后各处理间Ca含量差异仍不

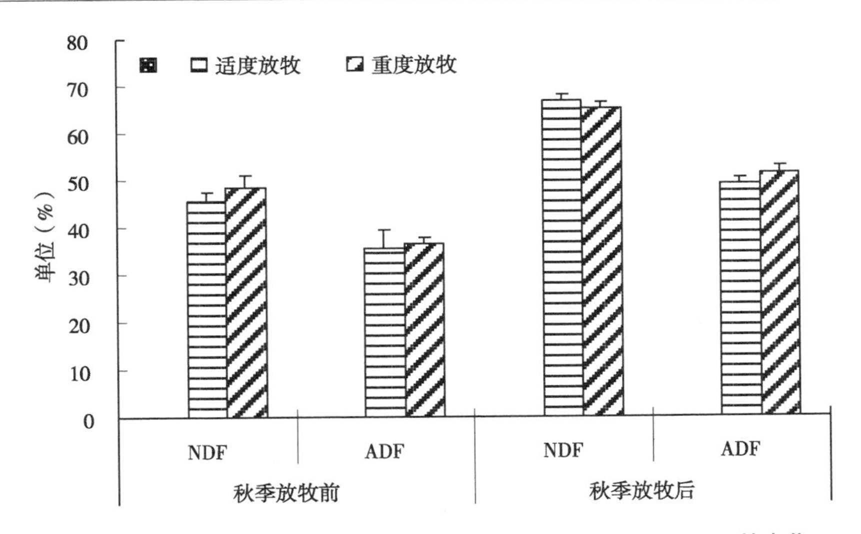

图 9－6 春秋场秋季放牧前后不同处理下草地植物 NDF 和 ADF 的变化

显著，而 P 含量差异在重度放牧和其他处理间差异显著（$P<0.05$），零放牧和适度放牧间 P 含量差异不显著。说明春季重度放牧对草地植物 P 含量的影响大于对 Ca 含量的影响。

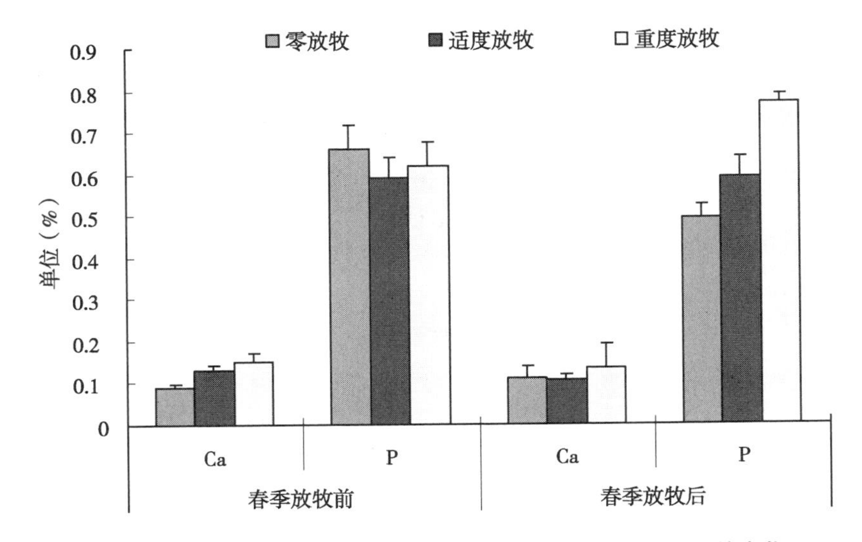

图 9－7 春秋场春季放牧前后不同处理下草地植物 Ca 和 P 的变化

八、夏季放牧前后 Ca 和 P 的变化

由图 9－8 可知，夏季放牧前后，植物群落 Ca 含量大幅度增加，P 含量大幅

度减少。原因可能是秋季植物群落在大量贮存 Ca，相反，在大量释放 P。放牧前，Ca 和 P 含量在 3 个处理间差异不显著，放牧后，Ca 含量在零放牧和适度放牧间差异显著（$P<0.05$），P 含量在各处理间差异不显著。

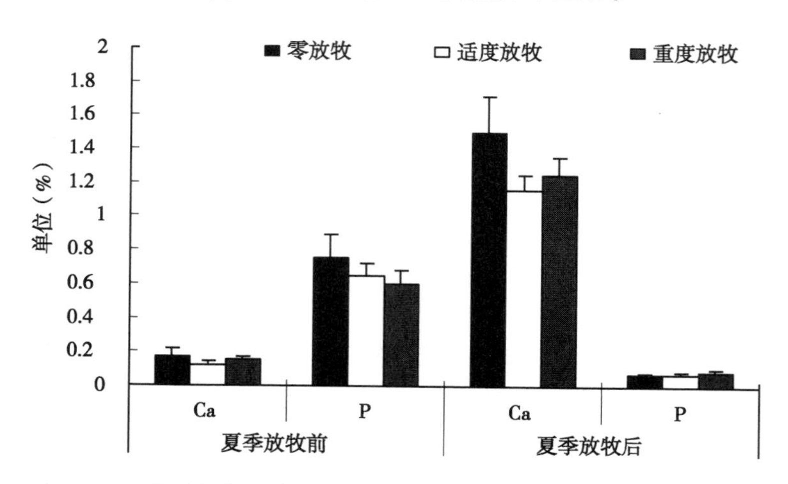

图 9－8　春秋场春季放牧前后不同处理下草地植物 Ca 和 P 的变化

九、春秋场秋季放牧前后 Ca 和 P 的变化

秋季放牧前后植物群落 Ca 和 P 的含量变化见图 9－9，Ca 含量在放牧前后表现为极度下降，由放牧前 0.61%～0.76% 下降至 0.1%～0.13%，从方差分析来看，Ca 含量在各处理间差异并不显著。由图 9－9 可知，草地植物 Ca 含量的积累主要集中在夏季，草地植物 Ca 含量在秋季属于损耗期。秋季放牧前后，P 含

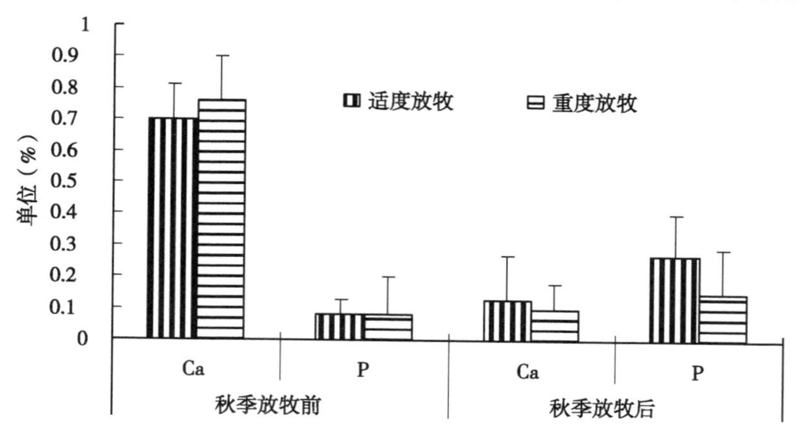

图 9－9　秋季放牧前后不同处理下草地植物 Ca 和 P 的变化

量表现为适度放牧下 P 含量增加，但各处理间差异不显著。

第五节　结论与讨论

一、结论

1. 从方差分析结果来看，春季放牧对草地植物粗蛋白和粗脂肪的影响主要集中在放牧后；秋季植物群落粗脂肪含量大于粗蛋白，且秋季放牧后粗蛋白和粗脂肪含量均是重度放牧下最低。夏季放牧前后，粗蛋白和粗脂肪含量均下降。

2. 春季放牧前后，植物群落 NDF 和 ADF 含量变化不大，夏季重度放牧对植物群落 NDF 和 ADF 含量影响最大，秋季放牧对植物群落的 NDF 和 ADF 含量影响不大。

3. 春季重度放牧对植物群落 P 含量的影响大于对 Ca 含量的影响，夏季适度放牧对植物群落 Ca 含量的影响大于对植物群落 P 含量的影响，秋季植物群落 Ca 含量极度下降，植物群落 P 含量表现为适度放牧下增加，但与重度放牧间差异不显著。

二、讨论

由于春秋场、夏场不在同一处，春场和秋场在同一块草场，夏场在另一块草场。因此，只能分别阐述 3 个季节内不同牧压对植物群落营养物质含量的影响。虽然春季放牧后对植物群落营养物质含量影响较大，但是，通过秋季放牧前的数据可知，春季放牧对植物群落的影响可以在夏季无放牧期得以休整，以减小不同牧压造成植物群落营养物质含量的差异，但秋季放牧则不同，秋季放牧后，牧草没有休养生息的机会，且影响牧草的有性繁殖，并直接进入严冬，越冬需要消耗植物体内贮存的大量营养物质，因此，春季适度放牧或重度放牧仅对牧草营养生长有影响，并不影响其有性繁殖和顺利越冬；但秋季重度放牧则会影响或破坏牧草的结实率，从而影响了牧草的有性繁殖。从长远来看，秋季牧压不宜过重；夏场一般在 6 ~8 月利用，5 月初牧草就开始返青，返青后家畜没有立刻采食，给牧草营养生长留有闲暇时间，待 6 月初进入夏场后，牧草已经进入营养生长旺盛期，可以满足家畜采食，到 8 月底家畜出夏场后，天气没有立刻变冷，牧草可以借此机会休养生息，天气转冷后，牧草进入越冬期，因此，夏场的重度放牧对草营养物质的影响是季节性的。

另外，本试验仅研究了牧草的营养物质含量随季节的变化情况，没有考虑草地植物群落贮存性营养物质含量和渗透调节物质含量对牧压的适应性，因此，牧草秋季放牧后仅能得到牧草营养物质下降而不能很好地解释其体内贮存性营养物质含量的多少，不能判断重牧下牧草顺利越冬返青的机理。

第十章　天山北坡控制放牧利用技术示范

第一节　适宜载畜率的确定

依据对2011年牧压试验的植物群落、土壤、放牧羊进行分析后，初步得出适度放牧是比较合理的放牧压。在此基础上，结合扣笼内外草地地上生物量的差值，计算得出适度放牧条件下细毛羊的日采食量。为了验证2011年放牧压试验的合理与否，2012年对试验区开展适度放牧条件下的轮牧试验。通过监测植物群落地上生物量和放牧羊体重，适度放牧草地利用率最高、试验羊体重增长稳定、也不影响草地植物的有性繁殖。因此，初步确定，在正常年份适宜载畜率为春秋场春季7.5只羊/100亩，夏场52只羊/100亩，春秋场秋季13只羊/100亩（表10－1）。

表10－1　放牧试验设计

重复1			
处理	春秋场春季（4～5月）	夏季（6～8月）	春秋场秋季（9～10月）
SA1	零放牧	零放牧	适度放牧：27只羊/100亩
SA2	零放牧	重度放牧：63只羊/100亩	重度放牧：11只羊/100亩
SA3	重度放牧：12只羊/100亩	适度放牧：59只羊/100亩	重度放牧：12只羊/100亩
SA4	重度放牧：11只羊/100亩		适度放牧：17只羊/100亩
SA5	适度放牧：6只羊/100亩		适度放牧：6只羊/100亩
重复2			
处理	春秋场春季（4～5月）	夏季（6～8月）	春秋场秋季（9～10月）
SA11	零放牧	零放牧	适度放牧：14只羊/100亩
SA12	零放牧	重度放牧：84只羊/100亩	重度放牧：31只羊/100亩
SA13	重度放牧：7只羊/100亩	适度放牧：45只羊/100亩	重度放牧：7只羊/100亩
SA14	重度放牧：8只羊/100亩		适度放牧：5只羊/100亩
SA15	适度放牧：9只羊/100亩		适度放牧：9只羊/100亩

第二节　休牧时间的确定

一、试验区简介

休牧试验在春秋场完成。在放牧压试验小区内选择植被长势、群落盖度、群落高度相对均匀且在同一坡向和坡位设置休牧小区试验。

二、试验设计与试验方法

1. 试验设计。休牧试验设春秋场春季休牧—秋季休牧、春秋场春季重度放牧—秋季休牧、春秋场春季休牧—秋季重牧、春秋场春季适度放牧—秋季休牧、春秋场春季休牧—秋季适度、春秋场春季重牧—秋季休牧、春秋场春季适牧—秋季适牧 7 个处理，2 次重复。

2. 试验方法。分别在春秋场春、秋两季放牧期间测定草地植物群落地上生物量。样方面积为 1m×1m。每试验小区测定样方 3 个，齐地面剪割样方内可食牧草，称其鲜重。

三、结果与分析

由图 10－1 可知，不论春秋场春季是休牧、适度放牧还是重度放牧，春季 4 月和 5 月地上生物量均不高。春秋场春季休牧—秋季休牧处理和春季重牧—秋季休牧处理的秋季地上生物量均较高；而春秋场春季适牧—秋季适牧处理地上生物量发展趋势与春季休牧—秋季休牧地上生物量发展趋势相似，春季重牧—秋季适牧处理的秋季地上生物量最低；春秋场春季适牧—秋季休牧处理和春季重度放牧—秋季休牧处理的地上生物量发展均呈持续上升趋势。从两季均放牧利用角度考虑，可以选择春季适牧—秋季适牧的放牧方式；若考虑短期休牧，可选择春季适度放牧—秋季休牧或春季休牧—秋季适牧的放牧方式。

由图 10－2 可知，由于春秋场春季休牧—秋季重牧和春季重牧—秋季休牧处理的地面植株密度较小，不利于草地的长期发展；春秋场春季休牧—秋季休牧、春季适牧—秋季休牧、春季重牧—秋季适牧、春季适牧—秋季适牧和春季休牧—秋季适牧的密度相对较大，地面植被情况较好，从草地利用角度考虑，春季和秋季均休牧不太符合生产实际，而春季适牧—秋季适牧和春季重牧—秋季适牧比较理想；从短

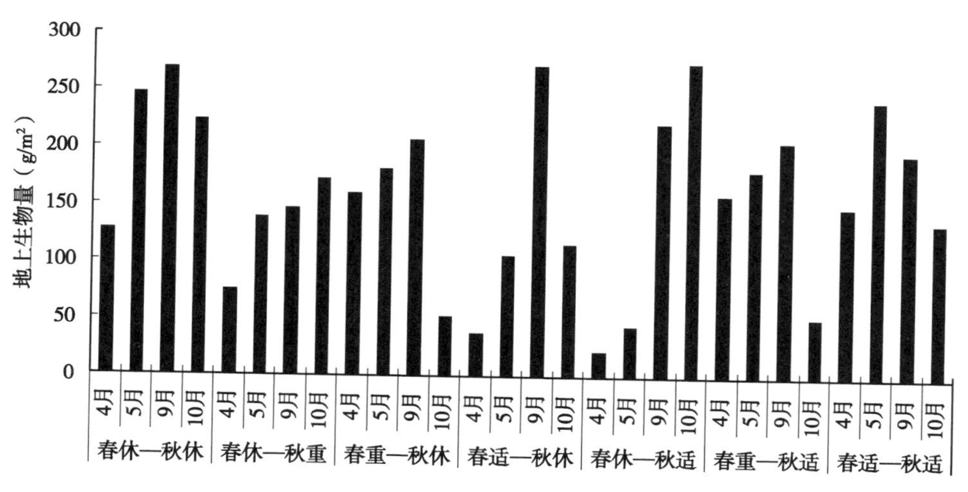

图 10－1　春秋场春秋两季处理地上生物量变化情况

期休牧考虑，春季适牧—秋季休牧和春季休牧—秋季适牧处理较为理想。

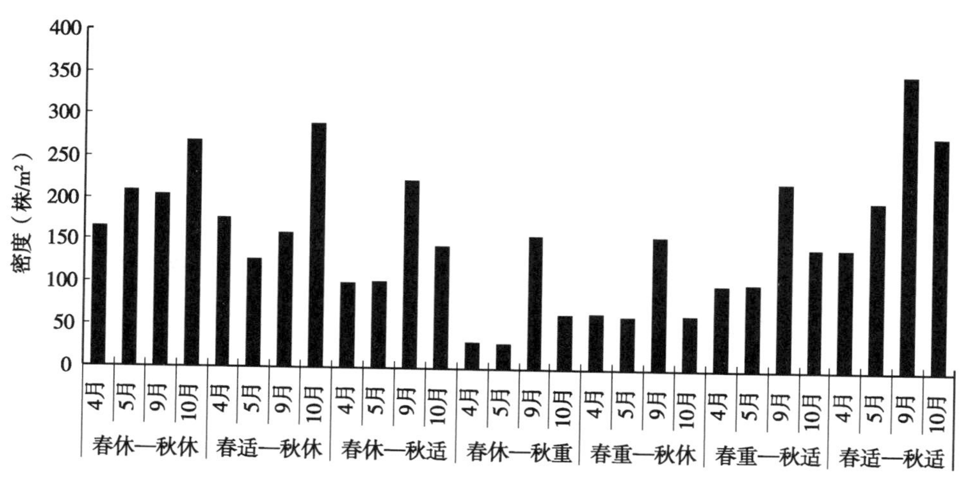

图 10－2　春秋场春秋两季处理密度变化情况

四、结论与讨论

（一）结论

1. 休牧可有效地改善草层结构，使群落外貌有明显的季相，休牧后极大地提高了草层高度和草地盖度。

2. 结合地上生物量和植被密度，在春秋场应选择春季适牧—秋季休牧或春季休牧—秋季适牧的放牧和短期休牧结合的利用方式。

（二）讨论

本休牧试验仅考虑了地上生物量和植被密度，初步得出结论认为应将休牧与适度放牧的放牧方式结合起来，在实际生产利用中，春秋场春季或秋季有一季休牧即可。这一结论仅从地面宏观方面考虑。在今后的工作中，还可以考虑休牧对草地群落建群种或伴生种种子繁殖等方面的研究，更深入地分析休牧对草地的整体影响。

第三节 禁牧区监测

一、禁牧区概况

（一）平原沙质荒漠放牧场禁牧区

分布在准噶尔盆地古尔班通古特沙漠区，海拔界于 362 ~513m，多为固定和半固定沙丘类型，沙漠南缘多新月形沙丘，蜂窝状沙丘链，沙丘高 14 ~40m，迎风面坡度为 10° ~15°，背风面坡度为 25° ~40°，地表覆盖着第四纪沉淀物，地表水十分缺乏，干旱少雨，蒸发强烈，昼夜温差悬殊，气温年较差平均为 45.2℃，最大日较差为 29.8℃，年降水量 100mm 左右，年蒸发量却高达 2 200mm以上，土壤为风沙土，沙层 20cm 下略有湿润感，在沙丘低地沉淀母质上发育着龟裂土型灰漠土，地表有黑色的地衣漆皮。草地植物组成以小半乔木、蒿类半灌木、一年生草本为主，建群种有白梭梭、沙蒿、一年生草本，主要伴生植物有对节刺、长刺猪毛菜、沙米、角果藜，膜果麻黄、白皮沙拐枣、地白蒿、囊果苔草、羽状三芒草等。该区域草地可利用产草量低，草场严重缺水，放牧条件很差，草地生态脆弱，已作为荒漠草地类自然保护区实行了永久性禁牧。

（二）平原土质荒漠放牧场禁牧区

分布在准噶尔盆地中部的平原区，海拔界于 408 ~830m，此区自然条件优于沙漠，年降水量 100 ~200mm，冬季积雪一般为 20cm 左右，蒸发量大，地形平坦开阔，土壤为盐化碱化灰漠土。草地组成植物以盐柴类半灌木、一年生草本为主，建群植物有琵琶柴、粗枝猪毛菜，主要伴生植物有叉毛蓬，假木贼、梭梭、多枝柽柳、角果藜、盐生草等。该类草地可利用产草量低，放牧条件差，已作为荒漠草地类自然保护区实行了永久性禁牧。

二、禁牧区布局与监测方法

（一）禁牧区布局

对示范户冬季放牧的平原沙质荒漠放牧场和平原土质荒漠放牧场进行禁牧，同时监测草地植被常规指标。

（二）监测方法

植被特征：草地植被特征的测定采用常规分析法。在每处理小区下随机测定样方 6 个，平原沙质荒漠样方面积 2m × 2m，平原土质荒漠样方面积 1m × 1m，测定地上植被的内容，包括高度和生物量。

三、监测结果

1. 平原沙质荒漠放牧场禁牧区

由表 10－2 和图 10－3 看出，2009 年围栏禁牧前测产地上生物量为 43.18 g/m^2，禁牧后，2010 年、2011 年地上生物量分别为 126.11 g/m^2 和 144.32 g/m^2，与 2009 年比较均呈递增趋势，2012 年气候影响较大，整体试验区降水量较小，8 月草本基本枯黄。地上生物量较前两年减少，但比 2009 年高。

表 10－2　平原沙质荒漠放牧场禁牧区地上生物量变化　　单位：g/m^2

年份	2009	2010	2011	2012
生物量	43.18	126.11	144.32	77.46

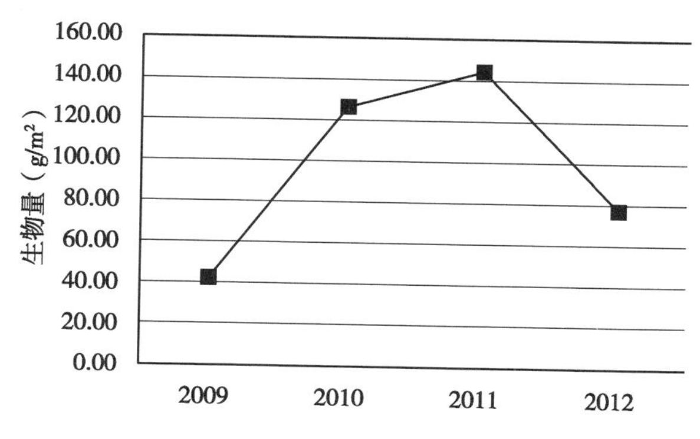

图 10－3　平原沙质荒漠放牧场禁牧区地上生物量动态变化

2. 平原土质荒漠放牧场禁牧区

由表 10－3 和图 10－4 看出，2009 年围栏禁牧前测产地上生物量为 99.99g/m^2，禁牧后，2010 年、2011 年地上生物量分别为 148.26g/m^2和 128.62g/m^2，与 2009 年比较均增加，2010 年增加较多。2012 年产量大幅度下降，分析产量下降的原因，主要受 2012 年气候影响较大，试验区降水量较小，8 月草本基本枯黄。

表 10－3　平原土质荒漠放牧场禁牧区地上生物量变化　　单位：g/m^2

年份	2009	2010	2011	2012
生物量	99.99	148.26	128.62	69.43

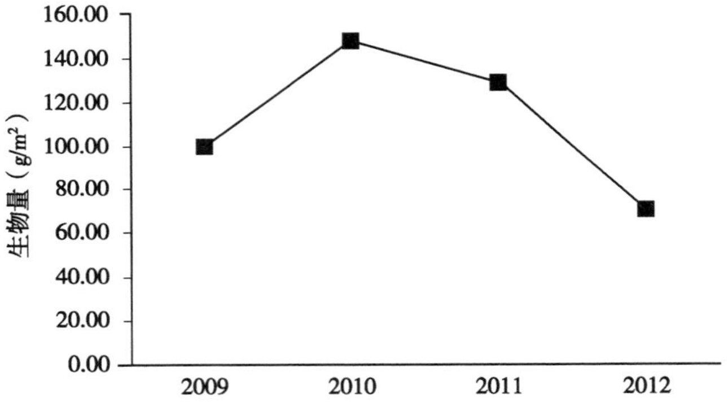

图 10－4　平原土质荒漠放牧场禁牧区地上生物量动态变化

3. 结论

结合 2009—2012 年的动态监测数据变化，平原沙质荒漠放牧场禁牧区和平原土质荒漠放牧场禁牧区总体的变化趋势一致，围栏后比围栏前地上生物量明显增加，但是，2012 年地上生物量均大幅度降低，主要受气候影响，8 月底植被提前枯黄基本全部枯死。

四、禁牧时间的确定

平原沙质荒漠放牧场具有重大的生态作用，由于此类草地生态脆弱，环境恶劣，加上人为破坏，植被覆盖度降低，植被退化，沙丘活化向南移动，危及平原绿洲农田和村庄，遇大风沙尘随风飘移，污染空气，影响人们的身体健康，已到了非治理不可的地步。平原土质荒漠放牧场该区域为传统草地畜牧业区，但该区域路途远，牧业基础设施建设差，草地生产能力低。平原沙质荒漠放牧场和平原土质荒漠放牧场由于严重缺水，人烟稀少，鼠害严重，草地生态环境脆弱，再加上经营利用上的不合理，草地严重退化。以禁牧为主要措施，实行禁牧封育促进草地休牧生息，加强植被恢复和保护，放弃放牧利用，作为“退牧草地”，实行围栏封育，永久禁牧，使其回归自然，成为草地生态保护区和景观草地区。

第十一章　天山北坡家庭牧场天然草地与人工饲草料地配置示范

第一节　试验示范目的与意义

草地畜牧业推行暖季放牧—冷季舍饲，暖季放牧牧草是来自于天然草地，而冷季舍饲需要的草料是来自于人工饲草料地。如何是天然草地、人工草地、畜种结构、牲畜最高饲养量与牲畜存栏这些关键生产要素协调优化，达到草地植物与家畜协同进化匹配是当前牧区面临的一个技术难题，通过研究，提出天山北坡家庭牧场天然草地与人工饲草料地配置方案，为新疆草地畜牧业可持续发展提供技术支撑。

第二节　试验示范家庭牧场概况

一、天然草地分布与面积

试验示范户的草地由春秋场、夏场、冬场3部分组成，草地总面积4693亩。

春秋场分布在天山北坡低山带，是同一处草场在一年中分春、秋两季利用，利用时间4个月（春季2个月，秋季2个月）。地理位置为E86°58′8.5″～86°59′8.2″，N43°51′5.8″～43°51′30″，海拔1 200～1 300m。植被总盖度为55%～60%，草地优势牧草伊犁绢蒿、短柱苔草，主要伴生牧草还有角果藜、一年生猪毛菜、兔儿条、羊茅等。春秋场围栏面积为2 435亩，其中，试验地分小区围栏850亩。

夏场分布在天山北坡中山带，属于典型的山地草甸草地，以禾草、细果苔草和杂类草为主。利用天数为90天/年（6月1日至8月30日）。地理位置为

E 86°42′21″～86°42′41″，N 43°35′43″～43°35′56″，海拔 2 100～2 200m。草地植物种类主要有梯牧草、鹅观草、洽草、早熟禾、针茅、草原苔草、老鹳草、糙苏、萎菱菜、火绒草、米奴草、飞蓬、龙胆草等，草地植被总盖度 90%。夏场围栏面积 750 亩，其中，试验地分小区围栏 220 亩。夏场全年降水量较大，气候凉爽。

冬场分布在天山北麓冲积平原和古尔班通古特沙漠。气候干旱，降水量少，蒸发量大。平原土质荒漠放牧场分布在中部平原区，草地组成植物以盐柴类半灌木、一年生草本为主，建群植物有琵琶柴、粗枝猪毛菜，主要伴生植物有叉毛蓬，假木贼、梭梭、多枝柽柳、角果藜、盐生草等；平原沙质荒漠放牧场分布在北沙漠（古尔班通古特沙漠区），多为固定和半固定沙丘类型，草地植物组成以小半乔木、蒿类半灌木、一年生草本为主，建群植物有白梭梭、沙蒿、一年生草本，主要伴生植物有对节刺、长刺猪毛菜、沙米、角果藜、膜果麻黄、白皮沙拐枣、地白蒿、囊果苔草、羽状三芒草等。该类草地可利用产草量低，草地严重缺水，生产放牧条件很差，草地生态环境脆弱，已作为荒漠草地类自然保护区实行了永久性禁牧，禁牧面积 1 508亩。

二、人工草地现状

示范家庭牧场现有村委会给他承包的耕地 51.2 亩，靠三屯河河水灌溉，地力中等，过去一直种植小麦、玉米、油葵等作物，用于饲草料种植面积很少。由于受气候条件的制约，大部分作物一年只能种植一次，耕地的复种率比较低。自 2010 年以来，每年种植饲草料面积保证在 50 亩，基本上达到了冷季舍饲期间的草畜平衡。

三、家畜发展现状

2009—2012 年的家畜结构调查见表 11－1。示范家庭牧场有马、牛、牦牛、细毛羊（包括杂种羊）、粗毛羊、山羊组成。马的养殖数量变化不大；牛最高养殖年份为 2011 年，为 27 头，至 2012 年下降为 15 头；牦牛数量至 2012 年仅为 3 头；细毛羊的数量变化较大，由 2009 年的 135 只增加至 2012 年的 235 只；粗毛羊和山羊的数量呈明显下降趋势，至 2012 年粗毛羊仅剩 1 只，山羊为 0 只。从繁殖率来看，2009 年母马的繁殖率为 100%，2012 年仅为 50%；2009 年母牛的繁殖率为 120%，2012 年仅为 50%；牦牛的繁殖率则逐年下降，至 2012 年繁殖率为0.0%。说明示范户家大畜的生产水平很低，而且呈下降趋势。

表11－1　2009—2012年畜结构　　单位：匹、头、只

畜名		2009年	2010年	2011年	2012年
马	羯马	4	3	3	5
	成年母马	4	5	4	6
	马驹	4	4	8	3
小计		12	12	15	14
牛	羯牛	7	6	9	3
	成年母牛	5	9	10	8
	犊牛	6	9	8	4
小计		18	24	27	15
牦牛	成年公牦牛	5	6	0	0
	成年母牦牛	5	6	4	3
	犊牦牛	2	2	4	0
小计		12	14	8	3
新疆细毛羊	种公羊	0	2	6	5
	生产母羊	135	194	218	223
小计		135	196	224	235
粗毛羊	/	45	45	7	1
山羊	/	57	0	0	0

第三节　研究方法

深入实地调查现行季节草场利用系统中草地的利用方式和利用强度，草地的面积、范围、草地类型生产力及畜群周转等情况，分析目前草地利用中存在的主要问题，根据当地实际情况，对天然草地、家畜、人工草料地耦合系统进行优化。以天然草地植被组成提出畜种结构方案，以天然草地生产能力确定最高饲养量，最终达到天然草地以草配畜，以草定畜，草畜平衡目标。在确定家畜最高饲养量基础上，根据畜种正常的出栏率、繁殖成活率、死亡率等生产技术指标，推算各畜种存栏和出栏数量，再以存栏畜和出栏畜作为确定人工饲草料地规模的依据，通过测算舍饲牲畜5个月饲草需求量，以畜定草，提出家庭牧场草料地总需

求规模。从而进行家庭牧场天然草地合理利用与人工饲草料地建设规模达到优化配置。

第四节　研究结果

一、天然草地面积、产草量、载畜量

由表 11－2 可知，示范家庭牧场可利用天然草地面积 3 185 亩，其中，春秋场 2 435 亩，夏场 750 亩。暖季放牧 214 天，春秋场 4.6kg/（天·只），夏场 6kg/（天·只）。春秋场春季放牧 60 天，可利用饲草贮存量（鲜草）121 360.40kg，可载畜量 439 个羊单位；夏场放牧 90 天，可利用饲草贮存量（鲜草）224 550kg，可载畜量 419 个羊单位；春秋场秋季放牧 60 天，可利用饲草贮存量 120 164.33kg，可载畜量 435 个羊单位。

表 11－2　现有草地载畜量情况

单位：亩、kg/亩、kg、kg/日、羊单位　（鲜草）

季节草场	草地面积	单产	饲草贮存量	日食量	草地季节载畜量
春秋场（春）	2 435	124.60	121 360.40	4.6	439
夏场	750	499.00	224 550.00	6.0	416
春秋场（秋）	2 435	107.99	120 164.33	4.6	435

二、天然草地畜种畜群结构优化配置

家畜生产结构优化包括畜种结构优化和畜群结构优化，只有畜种、畜群、生产结构、饲养方式合理的条件下，畜牧业经济效益才能达到最佳状态。

1. 最高饲养量确定。规划到 2015 年家庭牧场家畜最高饲养量自然头数确定 452 头只，其中，成年马 2 匹，成年牛 10 头，牛犊 4 头，生产母羊 200 只，后备母羊 35 只，种公羊 5 只，羔羊 196 只，折合标准畜 405 个羊单位。与暖季草场平衡，春秋场春季盈 31 个羊单位，夏场盈 11 个羊单位，春秋场秋季盈 30 个羊单位，暖季草场平衡有余（表 11－3）。

2. 年底存栏推算

规划到 2015 年年底，示范户牲畜存栏调整到 252 头（只），畜种结构为羊

240 只，占 95.2%；马 2 匹，占 0.8%；牛 10 头，占 4%。牛犊、羔羊（挑选后备母羊剩余部分）和淘汰母羊在秋季出栏。

按细毛羊畜群结构调整需要五年计算，规划到 2015 年年底，示范户细毛羊存栏数量保持在 240 只，其中生产母羊 200 只，每年选留后备母羊 35 只，种公羊保持在 5 只。细毛羊群的结构为生产母羊占 83%，后备母羊占 15%，种公羊占 2%。在 98% 的母羊中：1 岁母羊占 15%，2 岁母羊占 15%，3 岁母羊占 14%，4 岁母羊占 14%，5 岁母羊占 14%，6 岁母羊占 13%，7 岁母羊占 13%（产羔后淘汰出栏）。通过逐年调整优化，形成一个较为规范、具有一定规模以细毛羊专业化生产为主的家庭牧场（表 11－3）。

表 11－3　畜种畜群结构规划　　单位：匹、头、只、羊单位

<table>
<tr><th rowspan="2">畜种</th><th colspan="2">马</th><th colspan="2">牛</th><th colspan="4">细毛羊</th><th rowspan="2">自然头数</th></tr>
<tr><th>成年马</th><th>马驹</th><th>成年牛</th><th>牛犊</th><th>生产母羊</th><th>后备母羊</th><th>种公羊</th><th>羔羊</th></tr>
<tr><td>自然头数</td><td>2</td><td>0</td><td>10</td><td>4</td><td>200</td><td>35</td><td>5</td><td>196</td><td>452</td></tr>
<tr><td></td><td colspan="2">折合羊单位</td><td colspan="2">折合羊单位</td><td colspan="4">折合羊单位</td><td>年内最高饲养量羊单位</td></tr>
<tr><td>羊单位</td><td colspan="2">12</td><td colspan="2">55</td><td colspan="4">338</td><td>405</td></tr>
<tr><td></td><td colspan="8">年末存栏头数</td><td>252</td></tr>
</table>

三、人工饲草料地配置方案

（一）存栏畜与出栏畜草料需求量测算

根据本课题实际测算每个羊单位冷季日饲喂青贮 3kg、干草 200g 标准，优化后家庭牧场牲畜存栏畜达到 252 头（只），折合标准畜 400 个羊单位，冷季舍饲 151 天，年需青贮玉米 181 200kg，年需干草 12 080kg（表 11－4）。

表 11－4　存栏畜冷季舍饲草料需求量测算

饲料	存栏牲畜（羊单位）	舍饲天数（天）	日食量（kg）	年需草量（kg）
青贮玉米	400	151	3	181 200
干草	400	151	0.2	12 080

（二）人工饲草料地建设规模配置测算

人工饲草料地种植结构既考虑到草料的优质高效，牲畜的营养搭配需要，又要

兼顾草田轮作的需要，示范户现有饲草料地面积51.2亩，因此，设计饲草料种植保持在50亩，其余1.2亩种植其他经济作物。在饲草料种植面积中，苜蓿10亩，占种植面积20%，干草产量810kg/亩，年产可利用干草8 100kg；青贮玉米35亩，占种植面积70%，青贮玉米5 500kg/亩，年产可利用青贮玉米192 500kg；苏丹草5亩，占10%，苏丹草1 590kg/亩，年产可利用干草7 950kg；家庭牧场50亩人工饲料地年生产干草16 050kg，青贮玉米192 500kg（表11－5）。

表11－5　人工饲草料地建设规模配置测算　　单位：亩　kg

品种	人工饲草料地建设规模	单产	总产量
苜蓿（干重）	10	810	8 100
苏丹草（干重）	5	1 590	7 950
青贮玉米（鲜重）	35	5 500	192 500

通过测算和调整家庭牧场家畜生产结构，400个羊单位冷季舍饲151天，年需要青贮玉米181 200kg，通过调整配置年可生产青贮玉米192 500kg，平衡后余11 300kg；年需要干草12 080kg，通过调整配置年生产干草16 050kg，平衡后余3 970kg（表11－5）。

第五节　结论与讨论

1. 根据分析研究，提出实行暖季（214天）放牧，冷季（151天）舍饲的生产模式，改变牧区过去四季游牧的生产方式。将冬场改为暖季利用，可扩大暖季放牧草地面积，增加牲畜最高饲养量。冬季放牧不但影响草地来年的产量，同时由于冬天寒冷，牲畜体重还会下降，并且冬天放牧牧民非常辛苦。因此，在饲草料满足舍饲的条件下，应尽可能选择冷季舍饲，实现暖季放牧与冷季舍饲草畜平衡。

2. 冷季饲草主要来源于人工饲草料地，初步设置50亩人工草地，种植模式为苜蓿10亩，青贮玉米35亩，苏丹草5亩，可满足家畜冷季主要饲草料需求。

根据测算，天山北坡家庭牧场暖季放牧的天然草地与冷季舍饲的人工草地配置比例为3 185：50，换算为63.7：1。

3. 调整方案在统筹整个系统资源利用的基础上，贯穿以草配畜、以草定畜、草畜平衡的原则。实现天然草地的合理利用，可避免过度放牧对草地的破坏，体现了优化方案的生态效益。并且通过由暖季放牧，冷季舍饲生产方式的转变，使牧民逐步适应新的生产、生活方式，巩固牧民定居的成果。其直接或间接带来的经济、生态、社会效益是巨大的。

第十二章　家庭牧场人工饲草料丰产栽培示范

第一节　目的和意义

人工草地是牧业用地中集约化程度最高，也是畜牧业发展程度的质量指标之一。当前，畜牧业发达国家，人工草地面积通常占全部草地面积的10%以上。人工草地的光能利用率都在1%～2%，为12 000kg/hm^{2}干物质。欧洲的人工草地占全部草地面积的一半以上，草地牧草占全部饲料生产的49%。

随着新疆牲畜数量大幅度增加，天然草地过度利用，退化速度加快，严重影响着畜牧业的健康发展。为落实自治区加快发展现代畜牧业的决定，结合昌吉市阿什里乡实际，利用有限耕地引草入田，种植牧草，不仅要强化冷季舍饲生产的物质基础，而且熟化改造土壤，通过种植饲草料，增加新的饲草料生产能力，减轻天然草地承受的放牧压力，遏制天然草地生态环境恶化，有助于天然草地实现低成本自然恢复，提高草地生产力，同时又可提升牧区草地畜牧业生产力，解决饲草料缺乏的问题，是增加牧民收入的有效途径。

选用高产优质的饲草料品种，通过先进的生产管理和丰产技术集成与示范，带动示范区饲草料基地建设乃至推动全疆种草面积的扩大，为可持续发展现代化畜牧业奠定充足的物质基础。

第二节　试验示范区概况

一、地理位置

试验示范地点在昌吉市阿什里哈萨克民族乡阿什里村努尔太家庭牧场，地理位置为E86°25′～87°26′，N43°14′～45°30′。

二、气候条件

试验点历年平均温度为 7.2℃，平均降水量为 194.3mm，全年≥0℃年积温 4 028.6℃，年均日照 2 719.4h，年平均风速 2.0 m/s，极端最高温度 43.5℃，极端最低温度 −37℃，无霜期为 170 天，冷季长达半年。

三、饲草料种植面积

2007 年示范户从天山区搬出，定居于阿什里乡阿魏滩平原区，2009 年开始种植小麦 18 亩；

2010 年，由于各种原因，未进行作物及饲草料种植；

2011 年承包耕地种植苏丹草 18 亩；

2012 年承包耕地 51.5 亩，其中，种植青贮玉米 42 亩，种植油葵 9.5 亩；

2013 年，家庭牧场承包耕地 51.5 亩，其中用于饲草料种植面积 50 亩，其中，种植青贮玉米 35 亩，苜蓿 10 亩，苏丹草 5 亩。

第三节 青贮玉米栽培试验示范

一、栽培技术

品种选择新贵一号青贮玉米。土壤耕翻深度 20cm，达到土块细碎、地面平整。在耕作前施基肥，每亩施农家肥 2 000kg，磷酸二铵 20kg，施完底肥后及时将肥料翻入土层，再进行耙地。播种采用条播，播种量 3kg/亩，在 5 月 7 日地温超过 15℃播种，株距 15cm，行距 60cm，亩保苗 5 333株左右。玉米出苗后及时查田，缺苗地块及时补种。早间苗，适时定苗，4～5 叶时定苗。在玉米生长早期，在苗出齐后，进行浅锄松土，以破除地表硬壳，铲除杂草，提高地温，促进幼苗根的生长。第一次中耕，结合定苗，中耕深度 8cm。第二次中耕在拔节前进行，中耕深度 15cm。充足的水分是玉米正常生长必不可少的条件，在整个生长季分苗期、拔节期、孕穗期、乳熟期共浇 5 次水。刈割时期在 9 月上旬青贮玉米乳熟期进行，将整株玉米地上部分齐地面刈割青贮。

二、试验示范结果

1. 生育期观察（表12－1）。

表12－1　新贵一号玉米生育期观察　（日/月、天）

播种期	出苗期	拔节期	抽穗期	开花期	乳熟期	收割期	生长天数
7/5	15/5	10/6	19/7	1/8	2/9	5/9	120

2. 产量测定（表12－2）。

表12－2　新贵一号玉米产量测定

密度（株/亩）	株高（cm）	平均鲜重（kg/株）	鲜株产量（kg/亩）	可制作青贮饲料（kg/亩）	水分损耗（%）
5 333	190～250	1.1	5 866.3	5 500	6.3

3. 效益分析

①成本（表12－3）。

表12－3　新贵一号玉米成本核算　（元/亩）

种子费	农药费	底肥	追肥	水费	人工费	犁地费	耙地费	播种费	磨地费	开沟费	中耕费	开沟施肥	收获拉运	合计
30	30	50	75	250	50	25	15	15	10	10	30	20	100	710

②效益（表12－4）。

表12－4　新贵一号玉米效益分析

种植面积（亩）	青贮产量 kg/亩	青贮总产量（kg）	投入成本（元/亩）	总投入成本（元）	自产青贮玉米生产成本（元/kg）
35	5 500	192 500	710	24 850	0.13

第四节　苜蓿栽培试验示范

一、栽培技术

播种：品种选择新苜 2 号，播种深度 1.5cm，采用松土补播机在冬麦地春季第一水前套播，种肥施磷酸二铵 10kg/亩，播种量 1.5kg/亩。在苗期随小麦管理，不另加措施，待 7 月小麦收割后施尿素 10kg/亩，并同时浇水。当年收割 1 茬。

田间管理：第二年每次刈割后浇水 1 次，每茬灌水 3 ~4 次。每茬追施尿素 1 次，每次 10kg /亩。

收获：刈割在现蕾期至初花期，第一茬 6 月 15 日，留茬高度 4 ~5cm；第二茬 8 月初，留茬高度 4 ~5cm；第三茬刈割在 9 月 15 日左右，留茬 5 ~10cm。

二、示范结果

1. 产量测定（表 12 –5）。

表 12 –5　新苜 2 号苜蓿草产量测定

	密度（株/m^2）	株高（cm）	平均鲜重（kg/m^2）	鲜重（kg/亩）	折合干草（kg/亩）
第一茬	22	75	1.75	1 166.7	350
第二茬	22	67	1.4	933.4	280
第三茬	22	52	0.9	600	180
合计				2 700.1	810

2. 效益分析

①成本（表 12 –6）。

表 12 –6　新苜 2 号苜蓿草成本核算　（元/亩）

种子费	农药费	底肥	追肥	水费	人工费	犁地费	耙地费	播种费	磨地费	收获拉运	合计
10	30	10	150	200	30	5	3	3	2	300	743

②效益（表 12－7）。

表 12－7　新苜 2 号苜蓿草效益分析

种植面积（亩）	干草产量（kg/亩）	干草总产量（kg）	投入成本（元/亩）	总投入成本（元）	自产苜蓿生产成本（元/kg）
10	810	8 100	743	7 430	0. 92

第五节　苏丹草栽培试验示范

一、栽培技术

播种：苏丹草喜肥喜水，播种前深翻 25cm，每亩二胺 20kg，施复合肥 5kg，施足底肥。采用条播，行距 30cm，每亩播量 5kg；播种深度 6cm。播后及时镇压以利出苗。

田间管理：苏丹草苗期生长慢，不耐杂草，在苗高 20cm 时开始中耕除草。苏丹草根系强大，需肥量大，尤其是氮磷肥，必须进行追肥。在分蘖、拔节及每次刈割后施肥灌溉，每次施 15kg/亩尿素。产量与生长期供水状况密切相关，应满足灌溉。

收获：苏丹草最好的利用时期是孕穗初期，其营养价值、利用率和适口性都高。首次刈割不宜过晚，7 月 10 日左右割第一茬，8 月 20 日左右割第二茬，9 月 30 日左右割第三茬。

二、试验示范结果

1. 产量测定（表 12－8）。

表 12－8　新苏 2 号苏丹草产量测定

	密度（株/亩）	株高（cm）	平均鲜重（kg/株）	鲜株产量（kg/亩）	折合干草（kg/亩）
第一茬	5 000	2. 3 ~3	0. 61	3 050	610
第二茬	5 000	2 ~2. 5	0. 53	2 650	530
第三茬	5 000	1. 5 ~2	0. 45	2 250	450
合计				7 950	1 590

2. 效益分析

①成本（表 12－9）。

表 12－9　新苏 2 号苏丹草成本核算　　（元/亩）

种子费	农药费	底肥	追肥	水费	人工费	犁地费	耙地费	播种费	磨地费	开沟费	中耕费	开沟施肥	收获拉运	合计
45	30	50	150	250	50	25	15	15	10		30		100	770

②效益（表 12－10）。

表 12－10　新苏 2 号苏丹草效益分析

种植面积（亩）	干草产量（kg/亩）	干草总产量（kg）	投入成本（元/亩）	总投入成本（元）	自产苏丹草生产成本（元/kg）
5	1 590	7 950	770	3 850	0.48

第六节　结　论

1. 通过试验示范，种植的青贮玉米 35 亩，亩产青贮玉米 5 500kg，青贮总产量 192 500kg，亩生产费用 710 元，总投入生产成本 24 850元，自产青贮玉米生产成本仅 0.13 元/kg，要比购买青贮玉米 0.5 元/kg 低，因此规模化养殖家畜必须建立自己的饲草料生产基地，这样可以节约生产费用，提高养畜的经济效益。

2. 通过试验示范，种植苜蓿 10 亩，亩产苜蓿干草 810kg，干草总产量 8 100kg，亩生产费用 743 元，总投入生产成本 7 430元，自产苜蓿生产成本仅 0.92 元/kg，要比购买苜蓿 1.5 元/kg 低。

3. 通过试验示范，种植苏丹草 5 亩，亩产苏丹草干草 1 590kg，干草总产量 7 950kg，亩生产费用 770 元，总投入生产成本 3 850元，自产苏丹草生产成本仅 0.48 元/kg，要比购买苏丹草 1 元/kg 低。

4. 家庭牧场种植青贮玉米、苜蓿和苏丹草用于冷季舍饲，既满足了家畜的需求，同时可大大降低购买饲草投入的生产成本，从而把这部分支出转化为增加的收入，提高草地畜牧业的经济效益。

5. 选用良种、合理密植、肥水保证、防治病虫害等几个主要栽培技术环节必须全部到位，才能达到饲草料高产。

第十三章　天山北坡细毛羊羔羊育肥试验示范

第一节　试验目的与意义

基于比较草畜平衡试验与提高定居牧民效益的要求，选择了示范户 2012 年 1—3 月间出生的羔羊 50 只，进行了羔羊舍饲育肥试验。其目的是分流春秋场和夏场的承载压力；实现当年羔羊当年上市获利；降低冬季舍饲草料储备压力。其意义在于改变游牧民传统的生产方式，减轻草场压力，提高牧民的生产效益，调节市场对新鲜羊羔肉的需求。

第二节　试验区概况

新疆天山北坡草畜平衡试验示范选择在新疆昌吉市阿什里乡，该乡以草地畜牧业为主体的纯牧业乡。全乡 7 个村民委员会，总户数 2 804户 9 811人，其中，牧业户数 2 249户 8 400人，由哈萨克、回、维吾尔、汉等 8 个民族组成，95% 以上为哈萨克民族。

阿什里乡结合社会主义新农村建设，建成阿巍滩牧民定居点，累计定居牧民 1 605户 6 360人，定居比例已达到 71.4%。2012 年全乡各类牲畜存栏 136 482头（只），其中牛 10 482头，马 2 671匹，骆驼 487 峰，绵羊 89 767只，山羊 17 235只等。年产肉 7 035t，年产羊毛 450t，年产牛奶 22 900t。2012 年实现农村经济总收入 4.3 亿元，较 2011 年增长 13%，其中，畜牧业收入 1.86 亿元，增长了 12%，种植业收入 3 450万元，增长了 7.8%，第二、第三产业收入 2.2 亿元，增长了 15%，农牧民人均收入 9 621元，增长了 1 341元。

第三节　试验材料

一、试验示范羊来源与分组

试验羊选自示范户2012年春季生产的健康羔羊50只作为育肥组，设定为放牧组羔羊随母羊自由放牧。统计数据来自育肥组34只羊和放牧组9只羊的测定值。

二、饲草料来源

精饲料：代乳料（585羔羊精料补充饲料）和育肥料（386育肥羊饲料）均产自乌鲁木齐正大畜牧有限公司（表13－1）。

粗饲料：青贮饲料为2011年秋季示范户自家生产的全株玉米青贮料（表13－2）。育肥羊的摄入量0.5～0.7kg/（只·日）。

表13－1　代乳料与育肥料的营养成分保证值

料号	水分（≤%）	粗蛋白质（≥%）	粗纤维（≤%）	粗灰分（≤mg/kg）	钙（mg/kg）	总磷（mg/kg）	食盐（g/kg）
585	14.0	18.0	14.0	9.0	0.9～1.6	0.4	0.7～1.6
386	14.0	17.0	14.0	9.0	0.9～1.5	0.4	0.7～1.6

表13－2　全株玉米青贮营养成分

成分	水分（%）	蛋白质（g/100g）	粗脂肪（g/100g）	钙（mg/kg）	磷（mg/kg）	NDF %	ADF %	备注
	67.5	6.57	0.64	457	324	16.5	9.61	

三、试验设计

（一）代乳料饲喂期

对示范户2012年所生产的羔羊进行整群常规体检，进行母乳＋代乳料585饲喂。预饲期18天（2012年3月25日至4月11日）自由采食，摄入量100～200g/日/只，试验期2～5月龄（2012年4月12日至7月12日）300～600g/（日·只）。母乳＋精料代乳料585＋自由采食全株青贮玉米。

（二）育肥料试验期

预饲期15天（2012年7月13日至7月27日），随机选择50只羊进行驱虫、药浴，接种疫苗。改用育肥饲料，育肥料饲喂量200～300g/（日·只）+全株青贮玉米0.5kg/（日·只）。

试验中期：45天（2012年7月28日至9月12日），育肥料饲喂量300～500g/（日·只）+全株青贮玉米0.6kg/（只·日）。

试验后期：30天（2012年9月13日至10月13日），育肥料饲喂量500～800g/（日·只）+全株青贮玉米0.7kg/（只·日）。

（三）屠宰试验

于2012年10月15日进行屠宰试验，屠宰4只（其中，3只为育肥组，1只为放牧组）。

（四）资料的统计分析

分别在试验预饲期，试验中期和试验结束测定了羊的体重与体尺，表13－3和图13－1为34只羊的测定数据，计算得出：育肥中期的日增重为150g，育肥结束日增重为202g。表13－4和图13－2为抽测9只羊的测定数据，计算得出：自由放牧中期的日增重为40.88g，放牧结束日增重为38g。后期体重不增反降，说明草场在放牧后期，可食牧草匮乏（草畜不平衡），加之转场的长途辛劳（80km），使羊的体重大幅度下降，低于放牧中期，也印证了传统畜牧业生产方式的弊端。表

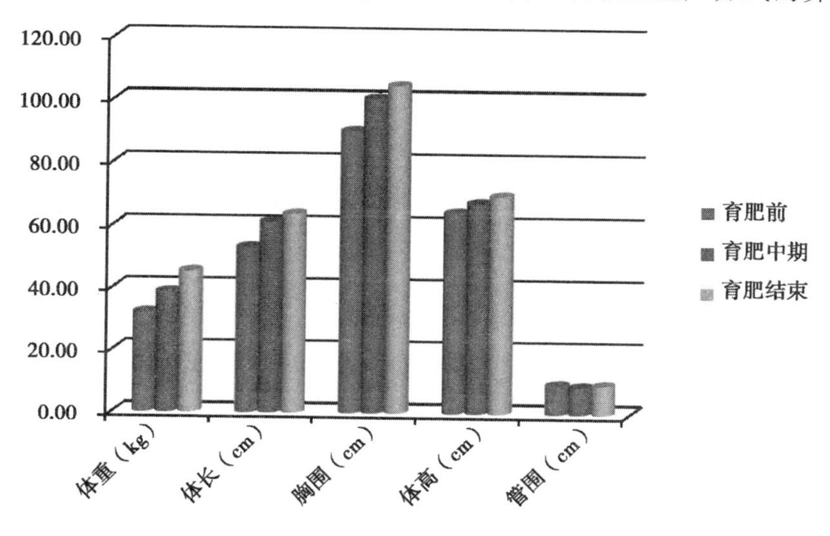

图13－1　育肥羊体重、体尺的平均测定值柱形

13 -5和图 13 -3 为育肥羊和放牧羊体重与体尺的均值数据，育肥组试验羊的体重、体长、胸围和体高的均值均大于放牧组试验羊，仅管围略低于放牧组。

表 13 -3　育肥组羊体重、体尺的平均测定值

	体重（kg）	体长（cm）	胸围（cm）	体高（cm）	管围（cm）
育肥前	32.08	53.11	90.22	64.33	9.56
育肥中期	38.72	61.22	100.56	67.44	8.94
育肥结束	45.36	63.67	104.67	69.67	9.50
平均	38.72	59.33	98.48	67.15	9.33

表 13 -4　放牧羊体重、体尺的平均测定值

	体重（kg）	体长（cm）	胸围（cm）	体高（cm）	管围（cm）
放牧前	30.33	59.00	81.44	57.33	9.56
放牧中期	32.17	51.56	84.67	58.89	9.01
放牧结束	31.03	59.67	95.11	61.89	10.33
平均	31.18	56.74	87.07	59.37	9.63

表 13 -5　育肥羊与放牧羊体重、体尺的平均值

	体重（kg）	体长（cm）	胸围（cm）	体高（cm）	管围（cm）
育肥组平均	38.72	59.33	98.48	67.15	9.33
放牧组平均	31.18	56.74	87.07	59.37	9.63

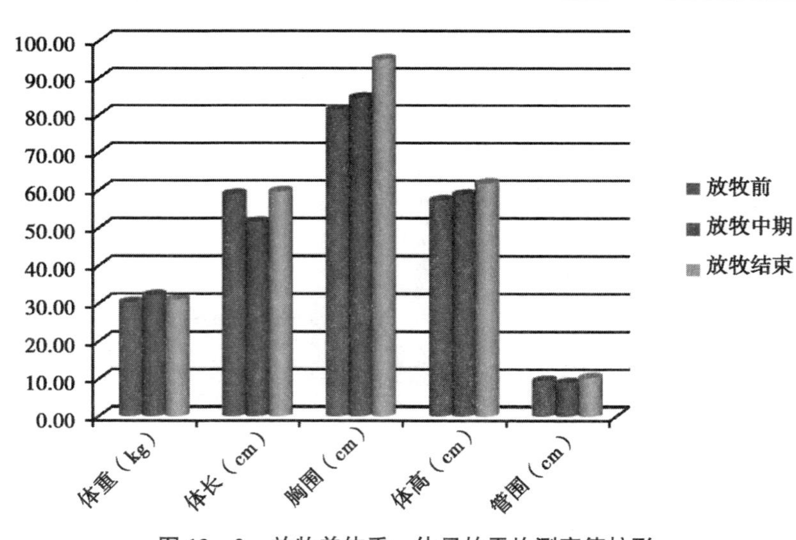

图 13 -2　放牧羊体重、体尺的平均测定值柱形

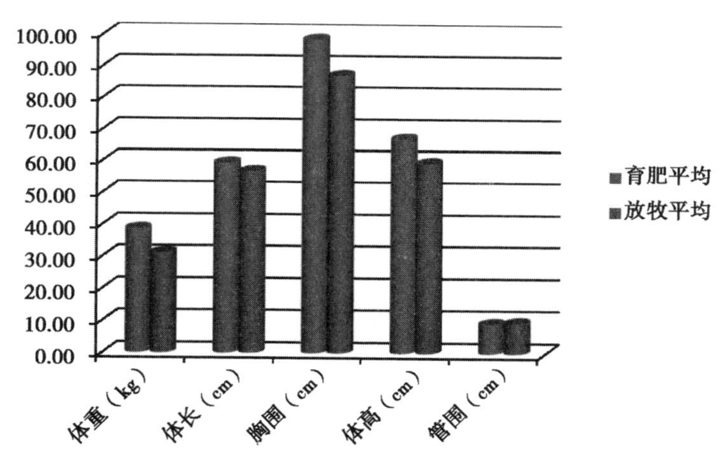

图 13－3　育肥羊与放牧羊体重、体尺的平均值柱形

第四节　试验结果与分析

一、体重变化与体尺变化

将整理后数据导入 SPSS（19.0），运用 Duncan 方法进行分析表明，育肥组与放牧组体重试验前期差异不显著，育肥中期和育肥结束体重的变化为差异极显著（$P<0.01$）。体尺变化表现为育肥前期育肥组与放牧组在预饲期时因不同饲养条件，而造成测量的指标间差异极显著（$P<0.01$），这种情况一直伴随试验结束，但管围间的差异则相反，故本试验对体尺变化不做评价（表 13－6）。

表 13－6　育肥组与放牧组体重、体尺性状统计　　单位：只、kg、cm

组别	只数	体重	体长	胸围	体高	管围
育肥前期	34	31.47 ± 3.03^{Cc}	52.12 ± 4.30^{Bb}	89.18 ± 5.06^{Cd}	63.53 ± 3.14^{Bb}	8.88 ± 0.63^{Cd}
育肥中期	34	38.31 ± 3.29^{Bb}	60.85 ± 2.90^{Aa}	100.50 ± 4.00^{Ab}	66.76 ± 2.76^{Aa}	8.78 ± 0.41^{Cd}
育肥结束	34	44.37 ± 3.95^{Aa}	61.94 ± 3.95^{Aa}	103.71 ± 3.87^{Aa}	68.41 ± 2.62^{Aa}	9.31 ± 0.46^{BCbc}
放牧前期	9	30.33 ± 3.56^{Cc}	59.00 ± 3.46^{Aa}	81.44 ± 3.28^{Df}	57.33 ± 3.32^{Cc}	9.56 ± 0.53^{Bb}
放牧中期	9	32.17 ± 3.69^{Cc}	51.56 ± 3.47^{Bb}	84.67 ± 4.388^{De}	58.89 ± 1.27^{Cc}	$9.01\pm.72^{BCcd}$
放牧结束	9	31.03 ± 4.07^{Cc}	59.67 ± 2.87^{Aa}	95.11 ± 3.98^{Bc}	61.89 ± 4.11^{Bb}	10.33 ± 0.71^{Aa}
总数	129	36.61 ± 6.48	57.98 ± 5.63	95.55 ± 8.65	64.80 ± 4.47	9.12 ± 0.67

二、屠宰测定

对育肥组 3 只和放牧组 1 只羊进行了屠宰试验，测定指标见表 13－7。本屠宰试验的胴体重指标达到课题任务书要求，但放牧羊因秋季草场严重干旱，后期牧草严重不足，体重增加缓慢。

表 13－7　育肥与放牧羊屠宰测定情况　　单位：kg

耳号	宰前活重	胴体重	屠宰率	肉重	骨重	肉骨比	头蹄	内脏	皮
育肥羊 1	51.20	25.08	48.98	21.38	4.62	4.63	3.80	3.67	4.71
育肥羊 2	43.25	21.70	50.17	14.63	6.55	2.23	3.60	2.43	4.47
育肥羊 3	43.60	21.88	50.18	14.50	5.80	2.50	3.06	2.87	5.41
放牧羊 1	32.60	16.04	49.20	10.84	4.74	2.29	3.01	2.47	4.21

三、经济效益初步分析

以 1 只羊的生产成本与收入分析其收支平衡情况，饲料按摄入量计算，不涉及是否满足营养水平，仅以实际情况为表述依据。经过舍饲育肥后，每只羊平均可增加 93.51 元的收入（表 13－8、表 13－9、表 13－10）。

表 13－8　育肥羊与放牧羊成本情况　　单位：只、元

组别	头数	饲料	舔砖	雇工费	防疫治疗费	销售成本	小计
育肥组	1	116.49	4	30	2	20	172.49
自由放牧组	1	2	0	60	2	2	66.00

注：育肥料 2.56 元/kg

表 13－9　育肥羊与放牧羊收入情况　　单位：只、元

组别	头数	胴体	活畜	其他	小计
育肥组	1	800	0	150	950
自由放牧组	1	0	750	0	750

表 13－10　育肥羊与放牧羊收支平衡　　单位：只、元

组别	头数	成本支出	收入	收支平衡	小计
育肥组	1	172.49	950	777.51	
自由放牧组	1	66.00	750	684.00	

注：成本为阶段性的，前期饲养水平相同，仅比较断乳后的成本与收入

第五节　结论与讨论

一、结论

1. 舍饲育肥羊在体重及体高、体长及胸围等生长速度均优于放牧羊的生长指数，差异极显著（$P<0.01$）。

2. 放牧羊管围较育肥羊的管围差异极显著（$P<0.01$）。

3. 育肥羔羊的经济效益略高于放牧羔羊，育肥后，羊体重达到屠宰上市的要求，并可根据个体的生长情况，分批上市，屠宰后胴体按 40.0 元/kg 出售（胴体重20kg），另细毛羊皮可获利150.0元，每只羊可收入950.0元，减去饲养成本可收入777.51元。随母羊进入草地放牧的羊只，由于后期的饲草摄入量不足，从夏场转场后体重不增反降，其上市受限，为减少冬季的饲养压力，采取了批量出售，均价为750.0元/只，减去放牧成本可收入684.0元，舍饲育肥组较自由放牧组每只羊多收入93.51元。

二、讨论

1. 舍饲育肥可改变定居牧民生产方式与经营理念，当年羔羊当年上市，提早将产品货币化，增加牧民的收入；同时当年羔羊提前上市，可减轻天然草地的放牧压力和减缓冬季舍饲饲草料储备压力。

2. 舍饲育肥技术的应用可减轻牲畜对草地的压力，是草地保护、草畜平衡、畜牧业可持续发展的重要措施。

3. 羔羊舍饲育肥技术推广受阻的原因分析：①定居牧民缺乏经营家庭牧场的思想，不能预测市场的变化，对规模化经营没有经验和信心，无法抵御市场和自然灾害带来的风险；②受传统生产方式的束缚与周转资金缺乏的困扰，制约了定居牧民改变生产方式的能力，影响到单项或组合技术的应用与推广。

第十四章　天山北坡家庭牧场草畜平衡配套技术研究与示范效益评价

第一节　基本概况

按照天山北坡家庭牧场草畜平衡配套技术研究与示范完成情况，结合课题设计要求，我们对课题进行了实地调查，该研究与示范点确定在昌吉市阿什里乡阿什里村努尔太牧民作为本试验示范户。

一、示范户基本情况

努尔太，哈萨克族，人口 5 人，家庭经济主要来源于牧业，拥有细毛羊 200 余只，放牧草地面积 3 185亩，人工饲草料地 51. 5 亩，达到试验要求。

二、数据的采集与统计

我们连续调查了示范户 2009—2012 年的畜牧业、农业及其他产业的生产及收入、支出等涉及十五类别的千组数据。

三、课题其他信息

1. 试验草地围栏建设

示范户确定后，进行试验区草地围栏与试验布置工作。示范户草地按照利用季节划分为 3 部分，草地总面积 4 693亩，分别为北沙窝和平原冬场 1 508亩，低山春秋场 2 435亩，中山夏场 750 亩。其中，试验围栏小区春秋场 850 亩，夏场 220 亩。

2. 试验区的现状调查

对全部试验小区进行了植被和土壤现状调查，目的是掌握第一手资料，了解试验区土壤、植被及当前放牧利用状况。

考虑到新疆细毛羊个体生长速度、产毛率、产肉率、羊毛细度都有改良空间，课题执行期间导入优质细毛羊的生产性能，先后购入6只德国美利奴种公羊并参与试验新疆细毛羊的配种任务。

3. 其他

设计并安装了围栏、制作了试验用的扣笼，帮助示范户完成人工饲草料地建设、暖圈的修缮与运动场建设、青贮窖的修建与青贮料的调制、草棚修建与冬季饲草料的贮备、购置了草料粉碎机、母羊配种和公羊的管理等工作。

第二节　评价方法

本课题各单元运用综合评价方法，连续收集多个指标对多个参评单位进行评价。综合评价法的步骤如下。

（1）确定综合评价指标体系，这是综合评价的基础和依据。

（2）收集数据，并对不同计量单位的指标数据进行同度量处理。

（3）确定指标体系中各指标的权数，以保证评价的科学性。

（4）对经过处理后的指标在进行汇总计算出综合评价指数或综合评价分值。

（5）根据评价指数或分值对参评单位进行排序，并由此得出结论。

第三节　综合效益评价

一、经济效益评价

（一）畜牧业生产经济效益

示范户努尔太，哈萨克族，人口5人，畜牧业生产概况为：2009年底存栏牲畜279头（只），其中，马12匹，牛18头，细毛羊135只，粗毛羊45只，牦牛12头，折合460个羊单位。放牧草地面积3 000多亩，人工饲草料地几十亩，家庭经济主要来源于畜牧业。2010年至2011年示范户新修建羊舍共计投资建设费用为31 970元。

1. 畜种结构变化

课题实施期间根据示范户的畜牧业生产、草场和饲草地配置情况，首先购入德国美利奴种公羊对试验户的畜种结构逐年进行调整，到2012年年底牲畜的畜种结构和2009年相比发生明显变化（表14－1）。

由表14－1分析，对于年末存栏数，课题执行年（2010年、2011年、2012年）较课题基年（2009年）呈增加趋势；各畜种年末存栏数量也呈变化趋势，其中，牛、马的年末存栏数变化趋势不明显，细毛羊存栏数呈逐年增加趋势，粗毛羊、山羊及牦牛的年末存栏数均呈减少趋势。这应与课题实施后，将粗毛羊折换成细毛羊、大畜数量保持不增并部分畜种略有减少及放弃山羊饲养等生产结构调整有关。

分析其畜种结构，经课题执行后，细毛羊在畜群生产结构中的比重由48.39%提高到73.36%，增幅达24.97%；粗毛羊的数量由课题执行前16.13%降至0.33%；牦牛的数量由课题执行前的4.3%降至0.99%；山羊占畜群的比重由课题执行前的20.43%降至0%；马、牛占畜群结构的比重变化不大。

表14－1　示范户畜种结构变化　　单位：头、只、羊单位

时间		自然头数合计	其中：						折合为羊单位
			马	牛	细毛羊	粗毛羊	山羊	牦牛	
年末存栏	2009年	279	12	18	135	45	57	12	460
	2010年	291	12	24	196	45		14	517
	2011年	281	15	27	224	7		8	504
	2012年	304	14	15	223	1		3	401
畜种结构	2009年	279	4.30%	6.45%	48.39%	16.13%	20.43%	4.30%	460
	2010年	291	4.12%	8.25%	67.35%	15.46%	0.00%	4.81%	517
	2011年	281	5.34%	9.61%	79.72%	2.49%	0.00%	2.85%	504
	2012年	304	4.61%	4.93%	73.36%	0.33%	0.00%	0.99%	401

2. 畜牧业收支情况分析

由表14－2可以看出，课题执行年，示范户的畜牧业收入均呈增加趋势，其中，2010年、2011年、2012年示范户的畜牧业收入较2009年分别增加84 960元、177 780元和195 303元，增幅分别为126%、263%和289%。而随着课题执行，各项技术、措施的应用，课题执行期内，示范户的畜牧业收入也呈增加趋势，其中，2011年较2010年增加92 820元，增幅达60.8%，2012年较2011年增加17 523元，增幅达7.1%。同时，畜牧业收入增加主要是出售羊、羊毛、牛

奶及补助费用的增加，收入的增幅远高于物价指数3.5%～5%的增幅，收入的增加确为生产能力的增加。

表 14－2　畜牧业收入　（单位：元）

项目	2009 年	2010 年	2011 年	2012 年
售羊	30 430	92 640	75 060	96 670
售牛	15 000	14 000	17 500	76 500
售山羊	8 750	4 000	4 000	0
售马	9 500	7 000	32 700	17 050
售羊毛	4 000	13 000	19 000	15 000
售牛奶	0	2 000	12 000	12 000
售牦牛	0	0	25 200	26 748
补助	0	20 000	60 000	15 015
粗毛羊换细毛羊差价				4 000
畜牧业收入合计	67 680	152 640	245 460	262 983

由表 14－3 可以看出，与课题执行前（2009）相比，2010 年、2011 年课题示范户的畜牧业投入呈增加趋势，分别增加 25 742.5元、52 656.5元，增幅分别为50.8%和103.9%；2012 年示范户的畜牧业投入较2010 年、2011 年略有减少，但较2009 年相比，仍增加 38 309.5元，增幅为 75.6%。从表 14－3 可以看出，课题执行期内，示范户畜牧业投入的增加主要是购置草料费用及运费的增加，2012 年细毛羊的饲养规模略有下降，生产投入相应地减少。

由表 14－2、表 14－3 和表 14－5 综合分析，可以看出，随着课题的执行，课题示范户的畜牧业投入和产出均呈增加趋势。分析其收支平衡，可见随着课题的执行，畜牧业产生的效益呈增加趋势，2010、2011、2012 年示范户畜牧业生产产生的经济效益分别较 2009 年增加了 37 819.7元、59 892.2元和 151 715.5元，增幅分别为：222%、352%和892%，经济效益显著增加。

（二）饲草料种植经济效益分析

2009 年，示范户种植小麦 18 亩；2010 年，未进行作物及饲草料种植；2011 年种植苏丹草 18 亩；2012 年种植饲草料 51.5 亩，其中，青贮玉米 42 亩，当年收获，种植油葵 9.5 亩，未收获，作绿肥。具体种植成本及收入情况见表 14－7、表 14－8、表 14－9 和表 14－10。

表 14－3　畜牧业生产投入　（单位：元）

项目	2009 年	2010 年	2011 年	2012 年
购羊	6 100	0	0	0
草场租赁费	4 100	750	1 300	0
运费	2 850	3 400	5 875	2 950
打草/收割费	396		3 870	5 040
购置草料	31 560	69 183	83 350	5 408
自产饲草料折价	870	0	0	53 200
买盐	125	125	125	250
管理费	1 200	0	0	17 000
草场建设费	0	0	2 400	0
雇工费	2 500	1 600	5 000	2 790
防疫费	580.5	811.5	843	590
治疗费	387	541	562	400
剪羊毛	0	0	0	1 350
合计	50 668.5	76 411	103 325	88 978

表 14－4　固定资产及折旧　（单位：元）

项目	固定资产				固定资产折旧额			
	2009 年	2010 年	2011 年	2012 年	2009 年	2010 年	2011 年	2012 年
盖羊圈	/	10 970	/	0	0	731.3	731.3	731.3
维修棚圈	/	10 000	11 000	700	0	666.7	1 400.0	1 446.7
机械购置费	/	/	31 000	0	0	0.0	3 100.0	3 100.0
合计	0	20 970	42 000	700	0	1 398.0	5 231.3	5 278.0

注：圈舍按 15 年折旧，机械按 10 年折旧

表 14－5　畜牧业收支平衡　（单位：元）

年份	收入	支出	纯收益
2009 年	67 680.0	50 668.5	17 011.5
2010 年	132 640.0	77 808.8	54 831.2
2011 年	185 460.0	108 556.3	76 903.7
2012 年	262 983.0	94 256.0	168 727.0

注：畜牧业收支平衡＝畜牧业收入－畜牧业支出＝畜牧业收入－［畜牧业生产支出＋固定资产折旧（包括圈舍和机械折旧），具体见表 14－4］

表 14-6 畜牧业投入产出比

项目	2009 年	2010 年	2011 年	2012 年
投入产出比	1:1.34	1:1.70	1:1.71	1:2.79

表 14-7 种植业成本 (单位：元)

项目	2009 年	2010 年	2011 年	2012 年
地租	900	0	360	8 400
种子购入费	650	0	800	600
肥料购入费	790	0	630	5 180
地膜	0	0	0	1 627
农药费	260	0	0	0
机耕费	895	0	1 080	6 620
农业水费	500	0	500	1 600
拉水费	0	0	0	1 800
合计	3 995	0	3 370	25 827

表 14-8 种植业效益 (单位：元)

项目	2009 年	2010 年	2011 年	2012 年
售小麦	6 670	0	0	0
麦草折价	870	0	0	0
青贮折价	0	0	0	53 200
合计	7540	0	0	53 200

表 14-9 种植业收支平衡 (单位：元)

年份	收入	支出	纯收益
2009 年	7 540	3 995	3 545
2010 年	0	0	0
2011 年	0	3 370	-3 370
2012 年	53 200	25 827	27 373

表 14-10 种植业投入产出比

项目	2009 年	2010 年	2011 年	2012 年
投入产出比	1:1.89	0	-	1:2.06

由表14－7、表14－8分析，2011年课题虽种植苏丹草18亩，缺水等原因，造成绝收；2012年课题组指导示范户包地种植青贮玉米和少量油葵，青贮玉米主要用作牲畜草料，油葵用作绿肥。在课题组和示范户的共同努力下，依照牲畜的生产结构，不断调整种植结构，增加了规模化饲草料的种植面积。表14－10得出，经示范户不断改进生产方式和调整结构，2012年与2009年比，种植业投入产出比明显提高，2012年达1：2.06。

（三）家庭其他收支分析

由表14－11可以看出，课题执行年（2010年、2011年、2012年）较执行前（2009年）示范户的家庭其他收入呈持续增长趋势，其中，2010年较2009年增加收入3 500元，增幅为133%，主要为商店收入增加；2011年较2009年增加收入16 900元，收入增加11.3倍。增加的收入主要为打工收入和售车收入，其中打工收入增加占家庭收入增加量的20.7%；2012年较2009年增加收入20 600元，收入增加13.7倍，但主要为礼金、彩礼收入的增加，其中打工和商店收入较2011年减少，这与示范户畜牧业生产、生活方式的转变，及家庭人口结构变化有关。

表14－11　家庭其他收入情况　　（单位：元）

项目	2009年	2010年	2011年	2012年
商店收入	1 500	6 000	6 000	3 600
打工	0	0	3 500	1 500
售车	0	0	8 900	0
礼金	0	0	0	1 3000
彩礼	0	0	0	4 000
合计	1 500	6 000	18 400	22 100

由表14－12可以看出，与课题执行前（2009年）相比，2010年、2011年课题示范户的家庭其他支出呈降低趋势，主要为教育支出的减少，因孩子陆续毕业参加工作，教育费用减少，而生活医保支出则均有所增加，这应与物价、消费水平的提高等有关。2012年与2009年相比，家庭总支出增加4 930元，主要为参加婚礼、女儿陪嫁费用支出，而生活、医保、保险均有所减少，教育支出为0，原因为子女已经毕业。

表 14－12　家庭其他支出情况

（单位：元）

项目	2009 年	2010 年	2011 年	2012 年
生活	22 640	23 772	25 673. 8	21 570
保险	1 500	1 500	1 500	200
医保	120	150	320	120
教育支出	6 200	3 600	0	0
参加婚礼	0	0	0	3 500
女儿陪嫁	0	0	0	10 000
合计	30 460	29 022	27 493. 8	35 390

注：生活支出包括米、面、油、菜等食品购买及电话费、煤气费、水电费、机械油费、看病吃药等费用

（四）家庭总收支情况分析

由表 14－13 可以看出，与课题执行前（2009 年）相比，2010 年、2011 年、2012 年课题示范户的家庭总收入与总支出均呈增加趋势，其中，2010 年、2011 年、2012 年的家庭总收入分别较 2009 年提高 107%、244% 和 341%；2010 年、2011 年、2012 年的家庭总支出分别较 2009 年提高 26%、64% 和 83%，总收入提高的幅度远大于总支出提高的幅度；2010 年、2011 年、2012 年课题示范户纯收入分别为 51 809. 2元、124 439. 9元和 182 810. 0元，家庭盈利显著增加。

由表 14－14、表 14－15 分析可以看出，课题执行期较执行前，示范户的畜牧业收入呈持续增加趋势。分析其家庭收入结构，2010 年，随着课题示范户生产结构的调整，在家庭收入中，畜牧业收入所占比重显著增加，达 96. 2%；2011 年开始，课题示范户开始种植作物，但因天气等原因，造成绝收，而随着打工等收入的增加，课题示范户的家庭其他收入所占比重显著增加；2012 年，课题示范户租地种植饲草料，种植业收入比重显著增加。综合分析在家庭收入结构，畜牧业收入所占比重最大，为课题示范户的主营收入。

由表 14－16、表 14－17 分析可以看出，2010 年、2011 年与 2009 年相比，课题示范户的畜牧业支出显著增加，主要为饲草料购置费用的增加，而 2012 年与 2010 年、2011 年比，畜牧业支出又有所减少，主要为示范户通过租地种植青贮饲料后，外购饲草料费用减少，成本相对减少。2011 年、2012 年，示范户均种植作物或饲草料，因此种植业支出增加，占家庭总支出的比例也随之增大。

总之，通过本课题的实施，引导牧户由纯游牧改变为放牧＋饲草料种植＋舍饲养殖等多种经营方式，不仅使牧户收入增加而且牧户的生产方式发生了转变，

对带动周边牧户转变生产方式可起到很好的示范性作用。

表 14－13　家庭总收支平衡　（单位：元）

年份	收入	支出	纯收入
2009 年	76 720.00	85 123.50	－8 403.50
2010 年	158 640.00	106 830.80	51 809.20
2011 年	263 860.00	139 420.10	124 439.90
2012 年	338 283.00	155 473.00	182 810.00

表 14－14　家庭收入情况　（单位：元）

年份	畜牧业	种植业	其他收入	总收入
2009 年	67 680	7540	1 500	76 720
2010 年	152 640	0	6 000	158 640
2011 年	245 460	0	18 400	263 860
2012 年	262 983	53 200	22 100	338 283

表 14－15　家庭收入结构　单位:%

年份	畜牧业	种植业	其他收入
2009 年	88.2	9.8	2.0
2010 年	96.2	0.0	3.8
2011 年	93.0	0.0	7.0
2012 年	77.7	15.7	6.5

表 14－16　家庭支出情况　（单位：元）

年份	畜牧业	种植业	其他支入	总支出
2009 年	50 668.5	3 995	30 460	85 123.5
2010 年	77 808.8	0	29 022	106 830.8
2011 年	108 556.3	3 370	27 493.76	139 420.1
2012 年	94 256.0	25 827	35 390	155 473.0

二、社会效益评价

（一）提高全社会对环境与发展的关注度

作为多民族聚居区和边远地区，其自然资源丰富，发展前景广阔。但由于气候干旱，生态环境条件极其脆弱，加之长期以来，自然与人类活动的影响，牲畜超载、过牧及滥垦乱采等现象失控，导致草地严重退化，生态环境持续恶化，本课题的重要内容就是坚持畜群结构调整，降低和减少人为对草原环境的掠夺性利用。

表 14－17　家庭支出结构

单位:%

年份	畜牧业	种植业	其他支出
2009 年	59.5	4.7	35.8
2010 年	72.8	0.0	27.2
2011 年	77.9	2.4	19.7
2012 年	60.6	16.6	22.8

（二）增加了牧民经济收入，促进了牧区社会进步

牧区的主导产业是草地畜牧业，牧民收入的 90% 以上来自畜牧业。当前，草畜矛盾突出，生态环境恶化，严重制约了牧区经济的发展和牧民生活的改善。通过课题的实施，达到了为改善牧民群众的生产生活方式提供技术支持，改变了传统游牧民依赖天然草地放牧的传统生产方式。同时，各项生产投入与产出说明，多种经营与各种多渠道发展是增加定居牧民收入，加快了剩余劳动力转移，促进了牧区小城镇建设和少数民族地区小康建设步伐。

（三）现代畜牧业发展的亟需提供草畜平衡的各项技术

通过对牲畜品种与产业结构的调整，使示范户的生产收入增加，其经营的畜牧业生产能力与水平都较课题执行前有所提高，特别对其传统生产方式提出了变革内容，协调畜牧业、草产业与生态环境保护间的和谐发展。

（四）抗灾救助能力得到提高

通过增加种植业的比例，为牲畜提供了优质的冷季舍饲饲草料，减少了冬季灾害对畜牧业生产的影响，使牧民的生命和财产有了可靠的保障。对促进牧民定居模式的确定和提高草地畜牧业生产经营水平，优化畜草产业结构，实现畜牧业可持续发展起到了积极的推动作用。

三、生态效益评价

1. 草畜平衡工程是环境保护建设的重点工程，旨在保护草地植被，治理退

化草地，维护生态环境，为天然草地提供了休养生息的良好条件，促进牧草更新，恢复和提高草地生产力，有效抑制杂草和毒害草蔓延，优良牧草种类和数量大量增加，增强防风固沙和涵养水土的生态功能，有利地促进自然环境协调发展。

2. 提高各级干部和农牧民群众保护草地生态环境的意识，通过生产实例，进一步说明草畜平衡技术是游牧民定居后发展生产，提高收入的主要措施和有效途径。

3. 草畜平衡技术改变了传统的畜牧业生产方式，通过多项技术的整合和单项应用，使当地政府和广大游牧民们找到了发展生产，增加收入的有效方法。对于遏制天然草地“退化”势头，全面恢复草地生态功能，从根本上保护和改善草地生态环境具有重要意义。

第四节　评价结果

示范户经过三年的生产结构调整，牲畜结构逐年优化，经营方式转变，经济收入逐年提高，增幅比例逐年加大，充分说明草畜平衡技术是提高牧民经济收入，扩大生产经营规模的主要措施和有效途径。

第五节　分析与讨论

1. 草畜平衡的结构调整方案应与示范户的畜种、草地等生产资料相结合，即要求数量的调整，更应在质量上下工夫，这样才能达到较好地经济收益。

2. 大畜换小畜的理论，在本示范方案中得到进一步证实。以细毛羊的调整为例。示范户的优势畜种是细毛羊，比例从48.39%调至73.36%，而劣势畜种粗毛羊，山羊和牦牛调至1%以下，经济效益的增幅为四年中最大，同时，2012年示范户加大了种植业的比例，其收入结构更趋平稳，更加凸显结构调整的作用。

3. 优势畜种的调整幅度并不是越大越好，本课题在实施的过程中，细毛羊的比例一度调整至79.72%（2011年），但当年的收益并不是四年中最高的，2012年细毛羊的比例下调至73.36%，收益高于2011年，关键在于草与畜的平衡。通过几年的努力，不同的示范户都能找到适合于自我的调整比例。

第十五章　天山北坡中山带退化山地草甸草原补播改良试验研究

天山北坡区域是新疆人口密度大、牲畜多、经济最为活跃的区域。长期以来，由于对草地重利用、轻保护，重索取、轻投入，过分强调草地的经济功能，单纯追求牲畜数量的增加，严重超载过牧，加之受人为破坏，频繁自然灾害以及基础设施薄弱等因素影响，使该区90%以上可利用草地出现不同程度的退化，直接威胁到草地的生态安全和可持续发展。人地矛盾、人畜矛盾、草畜矛盾日益突出，牧区经济社会发展受到严重制约。当前，在加快畜牧业发展，增加农牧民收入的同时，也同时面临着草地资源匮乏和生态恶化的压力。因此，针对天山北坡水资源不足和人工草地建设规模小的瓶颈，因地制宜，采取补播改良草地是一项投资少、见效快、增加牧草产量的有效途径，对提高草地生产能力具有现实意义。

第一节　试验区概况

一、地理位置与面积

试验区分布在天山北坡中山带，属于昌吉市阿什里哈萨克民族乡行政管辖范围。地理位置为E 86°42′21″～86°42′41″，N 43°35′43″～43°35′56″，海拔2 200m。试验区面积150亩。

二、地形与地貌

试验区地处天山北坡中山带，周边地势较高，地形有起伏，相对平缓开阔的沟谷台地。

三、草地植被

试验区属于山地草甸草原草地，以旱生禾草和中生杂类草为主。草地原生植被植物种类主要有针茅、萎陵菜、蒿子、狗娃花、糙苏、无芒雀麦，草地植被总盖度55%。在利用上主要作为冬牧场放牧利用，利用天数一般为150天/年（11月1日至次年3月30日）。

四、土壤

试验区土壤类型为山地草甸土，土层深厚，地表有大量枯草残叶，0～30cm草根密集交织，有机质含量高达13.5%，质地较轻，结构好，土壤湿润，下层有锈纹、锈斑。

五、气候

试验区属于中山湿润气候区，该区随海拔升高，年降水量可达500mm，干燥度小于1，平均气温低，蒸发量小，大气湿润。根据2012年研究区HOBO全自动气象站采集的数据，7月、8月降水量分别为54.2mm和85.6mm；月均温分别为16.09℃和14.00℃。

第二节　试验设计与试验方法

一、试验设计

选择地形、植被比较一致的草地一块，分补播改良区和对照区，补播改良区100亩，设3个重复，对照区50亩。试验区全部采用围栏保护，春、夏、秋三季禁牧，秋季打草后冬季放牧利用。

二、试验方法

补播时间选择在2012年11月，此时是草地植被枯黄，气温已下降到5度以下的秋末冬初季节，播种时间的选择务必要保证播种后种子在地里仍然处于休眠状态。补播的方法，是用人工撒播，播后用钉刺钯交叉钯2遍。补播牧草阿尔冈金紫花苜蓿，播种量1kg/亩，播深1cm左右。

对照区，只围栏封育，不采取其他工程措施，保持原生植被状态，自然生长。

三、测定方法

草地植被测定时间选择在2014年8月15日，此时大部分牧草开花抽穗，生物产量最高。采用常规测定方法，在补播改良3个重复区和对照区各设置样线，每样线测定3个样方，样方面积1m×1m，测定指标为三度一量（高度、盖度（针刺法）、密度、生物量），建群种或优势种分种测定（重要值前4位），其他按经济类群测定。

牧草样品采集，分补播改良区和对照区采集，优势种分种采集，伴生种按经济类群采集，并将测产样方内测产后的牧草作为混合样品。每份样品1kg，自然风干，测得风干率，并作为分析样品。

第三节　试验结果

一、补播牧草生育期观测

补播牧草生育期观测详见表15－1。

表15－1　补播的紫花苜蓿第三年生育期观测　　单位：日/月

返青期	分枝期	现蕾期	开花期
5/5	5/6	20/7	15/8

二、试验区牧草测定结果

根据对补播改良区草地三度一量测定，补播改良区植物密度197株/m^2，草地植被覆盖度85%，草层高度12～65cm，草地生物产量1 072g/m^2。

根据对对照区草地三度一量监测，对照区植物密度143株/m^2，草地植被覆盖度55%，草层高度16～60cm，草地生物产量292g/m^2，详见表15－2。

表 15 -2 补播改良区与对照区三度一量指标测定结果

物种	密度（株/m²）		盖度（%）		高度（cm）		生物量（g/m²）	
	补播改良第3年	对照	补播改良第3年	对照	补播改良第3年	对照	补播改良第3年	对照
紫花苜蓿	72		65		65		815	
蒿子	15	78	10	35	50	31	61	172
针茅	4	43	1	8	59	60	3	43
狗娃花	8	6	2	1	23	18	35	9
勿忘我	44		1		23		52	
萎陵菜	2	8	1	1	12	30	4	14
糙苏		1		8		40		48
杂类草	52		5				102	
无芒雀麦		7		2		16		6
合计	197	143	85	55	12 ~ 65	16 ~ 60	1072	292

三、试验区混合牧草营养分析结果

表 15 -3 补播改良区与对照区混合牧草营养成分测定结果 （%）

测定指标 \ 牧草名称	水分	粗蛋白质	粗脂肪	粗纤维	钙	总磷	粗灰分	无氮浸出物
补播改良	7. 2	15. 67	14. 2	32. 8	1. 55	0. 19	10. 6	36. 74
对照	6. 9	12. 44	19. 1	30. 9	1. 46	0. 18	9. 8	41. 84

第四节 效果分析

一、草地质量评价分析

通过补播改良，优等牧草较对照区增加了 73. 98%，中等牧草较对照区减少了 57. 54%，低等牧草全部消失。按照全国草地质量评价标准，对照区草地等级为三等，补播改良区为一等，草地质量提高了 2 个等级（表 15 -4）。

表 15－4　草地质量评价分析

项目		优良	中	低劣	合计
补播改良区	植物名称	紫花苜蓿	蒿子、狗娃花、勿忘我、萎陵菜、针茅、杂类草		
	鲜草产量（kg/亩）	543.36	171.34		714.7
	占比例（%）	76.03	23.97		100
对照区	植物名称	无芒雀麦	萎陵菜、针茅、蒿子、狗娃花	糙苏	
	鲜草产量（kg/亩）	4	158.67	32	194.67
	占比例（%）	2.05	81.51	16.44	100

二、牧草营养成分变化分析

根据新疆农业科学院化验室对采集的牧草营养成分测定，补播改良区混合草样水分较对照区增加了 0.3%，粗蛋白质提高了 3.23%，粗脂肪减少了 4.9%，粗纤维增加了 1.9 %，钙增加了 0.09 %，总磷增加了 0.01 %，粗灰分增加了 0.8 %，无氮浸出物减少了 5.1 %（表 15－3）。

三、草地产量变化分析

根据表 15－2，补播改良区鲜草产量 1 072g/m^2，折合 714.7kg/亩；对照区鲜草产量 292g/m^2，折合 194.67kg/亩；补播改良区较对照区增加 520.03kg/亩，产草量提高了 267%。

四、投入与产出分析

1. 补播改良 100 亩，总投资 13 714.5元，每亩投资 137.15 元（表 15－5），按照 10 年收益期计算，每亩年均投资 13.72 元。年产鲜草 714.7kg/亩，按照优等草地鲜草单价 0.5 元/kg，年牧草产值 357.35 元/亩，投入与产出比为 1：26.05。

2. 对照区围栏 50 亩，总投资 4 745元，每亩投资 94.9 元（表 15－5），按照 10 年收益期计算，每亩年均投资 9.49 元。年产鲜草 194.67kg/亩，按照中等草地鲜草单价 0.25 元/kg，年牧草产值 48.67 元/亩。投入与产出比为 1：5.13。

表 15－5　草地改良建设投入分析

投入项目		面积（亩）	单位用量	单位投资	总投资（元）	单位投资（元/亩）
补播改良区	紫花苜蓿种子	100	1kg/亩	30 元/kg	3000	
	播种	100		20 元/亩	2 000	
	钯地	100		20 元/亩	2 000	
	围栏	100	1 033m	6. 5 元/m	6 714. 5	
	合计	100			13 714. 5	137. 15
对照区	围栏	50	730m	6. 5 元/m	4 745	94. 9

第五节　结论与讨论

一、结论

从试验效果综合分析，天山北坡中山带台地山地草甸草原类型草地通过补播改良，草地质量从中等提高到优等，质量提高了 2 个等级；混合牧草主要营养成分粗蛋白由 12. 44% 提高到了 15. 67%，提高了 3. 23%；草地产草量由年产鲜草 194. 67kg/亩增加到 714. 7kg/亩，补播改良区较对照区增加 520. 03kg/亩，产草量提高了 267%；投入与产出比，补播改良为 1：26. 05，对照区为 1：5. 13，补播改良投入与产出远高于对照区。

二、讨论

1. 补播改良适用于天山北坡中山带台地地形较为平缓的草甸草原类型，并且草地退化较为严重、靠自然恢复难以短期见效的地方，必须通过人为措施才能达到快速改良，鉴于以上情况可采取补播措施，快速提高草地质量和产量，可达到事半功倍的效果。

2. 对于地形起伏大不便于补播改良的退化草地，可选择围栏工程措施或是禁牧管理措施，使退化草地休养生息，逐步恢复，只是需要的时间长一些，同样可以达到改良的效果，并且投入相对较少。

3. 天山北坡中山带退化草地改良的牧草选择要针对草地的利用方式，如果是建立改良打草场，牧草选择主要考虑适应性强、使用期长、产量高、质量好的牧草品种；如果是建立放牧的改良草地，牧草选择主要考虑适应性强、使用期长、产量高、质量好、耐践踏、再生能力强的牧草品种。

第十六章　天山北坡中山带退化山地草甸补播改良试验研究

新疆天山北坡草地是新疆草地生产能力最高的区域，也是草地退化最为严重、草畜矛盾最为突出的区域。选择在天山北坡开展退化草地改良试验，通过围栏封育、补播、施肥等技术快速改良已退化的草地，建立试验示范区，可为新疆天山区大面积退化草地改良做出示范，还可为草地畜牧业健康发展提供有力的技术支撑。并且研究对新疆传统畜牧业向现代畜牧业转变十分必要，对新疆整体生态保护、恢复以及草地畜牧业可持续发展意义很大。

第一节　试验区概况

试验区分布在天山北坡中山带，属于昌吉市阿什里哈萨克民族乡行政管辖范围。地理位置为 E 86°42′21″～86°42′41″，N 43°35′43″～43°35′56″，海拔 2 200m。试验区面积 150 亩。地处天山北坡中山带河谷阶地，处于周边地势较高的凹地，地形有起伏，相对平缓开阔。属于典型的山地草甸草地，以杂类草和禾草为主。草地原生植被植物种类主要有草原老鹳草、千叶蓍、草原糙苏、一枝蒿、黄芪、委陵菜、黄花苜蓿、勿忘我、唐松草、苔草、草地早熟禾、无芒雀麦、梯牧草等，草地植被总盖度 83%。在利用上主要作为天然打草场，秋季打草后冬季放牧利用，放牧利用天数一般为 150 天/年（11 月 1 日至次年 3 月 30 日）。

试验区土壤类型为山地草甸土，土层深厚，地表有大量枯草残叶，0～30cm 草根密集交织，有机质含量高达 13.5%，质地较轻，结构好，土壤湿润，下层有锈纹、锈斑。土壤 pH 值为 7.5，有机质 75.6g/kg，水解性氮 295.5mg/kg，有效磷 7mg/kg，速效钾 258mg/kg，全氮 4.335g/kg，全磷 0.695g/kg，全钾 1.69mg/kg，有效铜 1.99mg/kg，有效铁 31.3mg/kg，有效锌 0.715mg/kg，有效锰 16.95mg/kg。

试验区属于中山湿润气候区，该区随海拔升高，年降水量可达 500mm，干燥度小于1，平均气温低，蒸发量小，大气湿润。根据2012年研究区HOBO全自动气象站采集的数据，7月、8月降水量分别为54.2mm和85.6mm；月均温分别为16.09℃和14.00℃。夏季降水量较大，气候凉爽。

第二节　试验设计与试验方法

一、试验设计

选择地形、植被比较一致的草地一块，分补播改良区和对照区，补播改良区100亩，设3个重复。对照区50亩。试验区全部采用围栏保护，春、夏、秋三季禁牧，秋季打草后冬季放牧利用。

二、试验方法

补播改良区补播时间为2012年5月，此时是草地植被返青，气温回升，降水较多季节，有利于补播牧草出苗。补播方法：在不破坏大面积原生植被的前提下，采用松土补播机播种。补播牧草红豆草，播种量3kg/亩；无芒雀麦，播种量0.3kg/亩。补播方式采取混合播种。补播行距50cm，补播深度2～3cm，播后及时覆土。对照区只围栏封育，不采取其他工程措施，保持原生植被状态，自然生长恢复。

三、测定方法

草地植被测定时间选择在8月15日，此时大部分牧草开花抽穗，生物产量最高。采用常规测定方法，在试验区每个重复和对照区各设置样线，每样线测定3个样方，每区测定样方6个，样方面积1m^2（1m×1m），测定指标为“三度一量”，即高度、盖度（针刺法）、密度、生物量，建群种或优势种分种测定（重要值前4位），其他按经济类群测定。

牧草样品采集，分补播改良区和对照区采集，优势种分种采集，伴生种按经济类群采集，并将测产样方内测产后的牧草作为混合样品。每份样品1kg，自然风干，测得风干率，并作为分析样品。

第三节　试验结果

一、补播改良结果

根据对补播改良区草地“三度一量”监测，补播改良区植物密度 1 107 株/m²，草地植被覆盖度 98%，草层高度 6～55cm，草地生物产量 810.04kg/亩。

根据对对照区草地“三度一量”监测，对照区植物密度 710 株/m²，草地植被覆盖度 83%，草层高度 6～45cm，草地生物产量 724.04kg/亩（表 16－1）。

表 16－1　补播改良区和对照区三度一量指标监测结果

物种	密度（株/m²）		盖度（%）		高度（cm）		生物量（kg/亩）	
	补播改良第三年	对照区	补播改良第三年	对照区	补播改良第三年	对照区	补播改良第三年	对照区
红豆草	84		30		52		270.01	
无芒雀麦	440		35		55		302.02	
黄花苜蓿	75	40	12	5	26	35	45.33	33.33
勿忘我	3	5	1	1	25	27	9.33	
萎陵菜	115	10	8	2	21	30	55.34	6
苔草	220	120	3	6	6	6	28	23.34
一枝蒿	20	56	3	10	40	45	38.67	86.67
杂类草	150	285	6	10			61.34	153.34
草原老观草		9		23		40		193.34
千叶蓍		118		8		33		66.67
唐松草		4		1		27		4.67
黄芪		25		5		22		38.67
草原糙苏		13		10		18		103.34
草地早熟禾		25		2		8		14.67
合计	1 107	710	98	83			810.04	724.04

二、混合牧草营养分析结果

混合牧草营养分析结果详见表 16－2。

表 16－2　补播改良区和对照区混合牧草营养成分测定结果　（%）

测定指标	水分	粗蛋白质	粗脂肪	粗纤维	钙	总磷	粗灰分	无氮浸出物
补播改良区	7.3	19.72	13.9	31.3	1.27	0.22	10.8	34.13
对照区	7.2	13.24	15.1	38.1	1.16	0.22	9.5	34.91

第四节　效果分析

一、草地质量评价分析

通过补播改良，优等牧草较对照区增加了69.6%，良等牧草减少了5.1%，中等牧草减少了50.25%，低等牧草全部消失，劣等草未出现。按照全国草地质量评价标准，对照区草地等级为三等2级，补播改良区为一等1级，草地质量提高了2等，质量有了大幅度的提高（表16－3）。

表16－3　草地质量评价分析

项目		优	良	中	低劣	合计
补播改良区	植物名称	红豆草、无芒雀麦、黄花苜蓿	苔草	勿忘我、杂类草、萎陵菜、一枝蒿		
	鲜草产量（kg/亩）	617.36	28	164.68		810.04
	占混合草样比例（%）	76.21	3.46	20.33		100
对照区	植物名称	黄花苜蓿、草地早熟禾	黄芪、苔草	草原老观草、千叶耆、一枝蒿、唐松草、勿忘我、萎陵菜、杂类草	草原糙苏	
	鲜草产量（kg/亩）	48	62	510.7	103.34	724.04
	占混合草样比例（%）	6.63	8.56	70.54	14.27	100

二、牧草营养成分变化分析

根据新疆农业科学院化验室对采集的牧草营养成分测定，补播改良区混合草样较对照区水分增加了0.1%，粗蛋白质提高了6.48%，粗脂肪减少了1.2%，粗纤维减少了6.8%，钙增加了0.11%，粗灰分增加了1.3%，无氮浸出物减少了0.78%（表16－4）。

表 16－4　混合草样营养成分对比分析

%

牧草名称＼测定指标	水分	粗蛋白质	粗脂肪	粗纤维	钙	总磷	粗灰分	无氮浸出物
对照区混合草样	7.2	13.24	15.1	38.1	1.16	0.22	9.5	34.91
补播改良区混合草样	7.3	19.72	13.9	31.3	1.27	0.22	10.8	34.13
补播改良较对照增加	0.1	6.48			0.11		1.3	
补播改良较对照减少			1.2	6.8				0.78

三、草地产量变化分析

根据表 16－1，补播改良区鲜草产量 1 215g/m²，折合 810.04kg/亩；对照区鲜草产量 1 086g/m²，折合 724.04kg/亩；补播改良区较对照区增加 86kg/亩，产草量提高了 11.88%。

四、投入与产出分析

补播改良 100 亩，总投资 15 614.5元，每亩投资 156.15 元，按照 10 年收益期计算，每亩年均投资 15.62 元。年产鲜草 810.04kg/亩，按照优等草地鲜草单价 0.5 元/kg，年牧草产值 405.02 元/亩。投入与产出比为 1：25.93（表 16－5）。

对照区围栏 50 亩，总投资 4 745元，每亩投资 94.9 元，按照 10 年收益期计算，每亩年均投资 9.49 元。年产鲜草 724.04kg/亩，按照中等草地鲜草单价 0.25 元/kg，年牧草产值 181.01/亩。投入与产出比为 1：19.07（表 16－5）。

表 16－5　草地改良建设投入分析

投入项目		面积（亩）	单位用量	单位投资	总投资（元）	单位投资（元/亩）
补播改良区	红豆草种子	100	3kg/亩	20 元/kg	6 000	
	无芒雀麦种子	100	0.3kg/亩	30 元/kg	900	
	播种	100		20 元/亩	2 000	
	围栏	100	1 033m	6.5 元/m	6 714.50	
	合计	100			15 614.5	156.15
对照区	围栏	50	730m	6.5 元/m	4 745.00	94.9

第五节　结论与讨论

一、结论

从试验效果综合分析，天山北坡中山带沟谷山地草甸类型草地通过补播改良，草地质量从中等提高到优等，质量提高了2等；混合牧草主要营养成分粗蛋白由13.24%提高到了19.72%，提高了6.48%；草地产草量由年产鲜草724.04kg/亩增加到810.04kg/亩，补播改良区较对照区增加86kg/亩，产草量提高了11.88%；投入与产出比：补播改良为1：25.93，对照区为1：19.07，补播改良区投入与产出高于对照区。

二、讨论

1. 机械化松土补播改良只适用于山区沟谷地形较为平缓开阔、草地退化较为严重、靠自然恢复难以短期见效的地方。而对于地形起伏大不便于机械作业的退化沟谷草地，可选择围栏工程措施或禁牧管理措施进行有针对性改良，只是需要的时间长一些，同样也可以达到改良的效果，并且投入相对少。

2. 沟谷退化草地改良牧草选择要针对草地的利用方式，建立改良打草场兼放牧，牧草选择主要考虑适应性强、使用期长、产量高、质量好、耐践踏、再生能力强的上繁草。

3. 补播改良虽然提高了草地混合牧草的粗蛋白、钙、粗灰分，但粗脂肪、粗纤维、无氮浸出物减少。

第十七章　天山北坡醉马草清除试验与示范

长期以来，草原牧区靠天养畜，片面追求发展牲畜头数，对天然草地采取掠夺式放牧，重利用，轻保护，造成草地退化，优良牧草和可食牧草的产量大幅度下降和减少，而牲畜不食的毒害草大量滋生，降低了草地的经济效益，影响到牧区经济的发展。禾本科醉马草在天山中段至东段的南、北坡到目前为止已传播到了整个夏场、冬场和部分春秋场，面积有800多万亩，甚至有的草地失去利用价值。据新疆八一农学院草原系在昌吉州九个牧业乡的调查，禾本科醉马草约占天然草地总面积的12%，最严重的阿什里乡占草地总面积35%，阿什里村周围高达90%以上。因此要清除醉马草。

第一节　禾本科醉马草的生态—生物学特性及中毒反应

一、生态学特性

禾本科醉马草分布在我国西北地区，新疆分布在天山中段、东段的南北坡，北坡以乌苏县的巴音沟以东，南坡以开都河以东。由于南北坡水热条件的差异，垂直分布高度也不相同，天山北坡昌吉回族自治州境内海拔900~2 600m均有分布，尤其以1 500~2 400m最为严重，天山南坡哈密、吐鲁番、巴音郭楞蒙古自治州境内自海拔1 500~2 800m有分布，尤其以1 800~2 500m最为严重。由于禾本科醉马草的蔓延，大大降低了冷季草地的生产力，造成这一带草畜不平衡的矛盾更加突出尖锐。

二、生物学特性

醉马草是禾本科芨芨草属疏丛型多年生草本植物。抗旱、耐寒、耐瘠薄、喜光，具有较强的抗逆性。醉马草在天山北坡一般在4月上旬返青，5月上旬分蘖，5 月下旬至 6 月上旬拔节，6 月下旬孕穗，7 月上旬抽穗，7 月中旬开花，8 月中、下旬种子成熟。醉马草的种子繁殖率极高，根据实测，禾本科醉马草平均穗长 18 ~25cm，最长的高达 28 ~30cm，平均单穗种子粒数高达 481 粒，最高达 739 粒，平均每丛有生殖技 39 枝，最高的可达 69 技以上。种子落地后主要集中在土壤的 0 ~5cm 土层中，平均每平方米种子粒数高达 1.3 万粒，占 0 ~30cm 土层中种子粒数的 98.7%，而 5 ~30cm 土层中的种子仅占 1.3%，而 0 ~5cm 土层中的种子发芽率极高，特别是 0 ~2cm 土层中的种子发芽率高达 95% 以上，2 ~3cm 土层中的发芽率在 70%，4 ~5cm 土层中的发芽率只有 20% 左右。而 7cm 以下土层中的种子失去发芽能力。禾本科醉马草种子有弯曲的短芒、基盘带毛，成熟后易脱落，种子的传播途径很多，主要传播媒介为家畜，种子极易黏附于皮毛上，特别绵羊是醉马草种子传播的主要工具，由于来回转场将醉马草的种子带到冬场、春秋场和夏场各地进行传播，所以有人称羊是“散播醉马草种子的活播种机”。另外风、水和人为因素也是传播醉马草种子的有效途径。

当醉马草种子经传播后落入土壤中，它在适宜的条件下萌发生长，最后形成大面积的醉马草株丛，加之家畜不食，最后就形成单一的醉马草群落。

三、家畜中毒症状与反应

禾本科醉马草是西北天然草地上危害最大的毒草之一。它内含多种生物碱，全草具毒，不论鲜草或枯草都能造成家畜中毒，对各类家畜都有中毒反应，只是中毒反应轻重和症状不同而已。马中毒后主要表现为眼发直流泪、口流泡沫、全身痉挛、腹胀气喘、血液循环减弱、血似黄水、解剖后皮下有大量黄色渗出液，胆囊比正常大 1 ~2 倍，心包积水。马、驴中毒后若不及时治疗，几小时后即死亡。轻者精神呆钝，食欲减退，步态不稳。牛、羊中毒后流涎、变跛，此后蹄甲脱落，母畜造成流产或发育不正常。

醉马草有刺激性气味，当地成年畜不轻易采食，但是，未成年畜或外来畜极易误食。在灾害年份草地牧草贮量不足的情况下，牲畜饥不择食，误食几率很高，对畜牧业生产造成严重危害。

第二节　禾本科醉马草的清除措施与方法

一、利用化学药物清除醉马草

随着农牧业生产和化学工业的发展，具有选择性、高效、内吸、广谱、低毒的化学药剂除草剂被广泛应用在农牧业生产中。在牧区天然草地上应用化学药剂清除毒害草，它不受地形条件的限制，比人工挖除，机械翻耕清除毒害草要省人力、经济、选择性强。

我们在大面积清除醉马草的同时，选择了几种不同的药剂进行了比较试验。

（一）试验区自然条件

试验区位于天山北坡中山带，海拔 1 900m的阿什里乡阿什里村东北部的平缓坡地上，年平均气温 2℃，年降水量 500mm，无霜期 90 天。草地类型为山地草甸草原，植被组成以禾本科醉马草为主，下层有白三叶、天兰苜蓿，早熟禾、草原苔草、蒲公英、车前，萎陵菜，石竹等。

（二）化学药剂的选择

1. 草甘膦

是内吸、广谱、高效、低毒的有机磷除草剂，目前使用的剂型为有效成分 10%、20%、30%的水剂型（草甘膦胺盐）和粉剂型。在试验中我们选择的是 30%的水剂型。草甘膦具有抑制植物蛋白质的生物合成和某些酶的生物活性，抑制植物的光合作用，促进乙烯的生物合成等多种杀草机理，对一年生和多年生深根草类效果均很显著。它落到土壤表面后，会很快被土粒和有机质吸附，被土壤微生物分解，并具有许多化学药物除草剂所不具备的不污染环境，对人畜无毒的优点。

2. 精稳杀得

它属苯氧基内酸类强选择性除草剂。它易被植物根，茎、叶所吸收，经传导而积累在植物生长点上，可抑制分生组织的细胞分裂。喷药后，生长点先死亡，继而全株死亡。精稳杀得对禾本科植物有较强的杀灭力，从萌发到孕穗阶段药物反应敏感，但对双子叶植物无效。本品属高效、低毒类药物，它为 15%的油剂。

3. 克芜踪

它为 20%的水剂型。属季胺盐类触杀型除草剂，药物与植物接触后，在阳光、氧气，温度的作用下，会产生大量的过氧化氧，使植物的细胞组织迅速脱水，组织功能受到破坏，绿色组织死亡，阳光强，作用越迅速，药物在植物体内降解速度很快，48 小时内几乎全部分解，它对绿色植物都有较强的杀灭力，毒性中等，对人畜较为安全，不在体内积累，分解快，本品易被土壤吸收。

（三）试验设计

试验区总面积为 115 亩。共设 52 个小区，每小区面积为 $10m^2$（2m × 5m）。30% 的草甘膦处理为 1：60、1：75、1：100、1：150、1：200 五个浓度级别，二个重复，每个处理分别加洗衣粉作为黏着剂（20g/亩）。精稳杀得为 15% 乳油剂液处理，第一年为 1：360、1：450、1：600、1：900 四个浓度级别，二个重复，第二年为 1：75、1：100、1：200、1：300 四个浓度级别，二个重复。克芜踪为 20% 水剂液，第一年处理为 1：180、1：225、1：300、1：450 四个浓度级别，二个重复，第二年处理为 1：50、1：75、1：100、1：150 四个浓度级别，二个重复。以上 3 种不同的药物处理分别设有对照区。用背负式喷雾器在醉马草孕穗期进行点喷。

（四）试验结果

1. 草甘膦

喷药一周后醉马草发生药害，主要表现为醉马草地上部分呈枯黄景观，生殖枝上部干枯，叶子死亡，雨下部叶子内卷呈棕色。一月后分蘖节和根部腐烂变黑，致使醉马草的全株死亡。处理一个月测定株丛死亡率见表 17 –1。

表 17 –1　不同浓度草甘膦处理醉马草杀死率测定

浓度级别	小区灭前株丛数		喷药后小区死亡		杀死率%	
	第一年	第二年	第一年	第二年	第一年	第二年
1：60	67	36	65	31	97.01	86.21
L：75	44	40	42	35	95.45	87.5
1：100	36	32	31	17	88.57	53.22
1：150	62	35	58	11	93.55	31.43
1：200	73	40	68	15	93.15	37.5

从表 17 –1 看出，株丛的死亡率一般随浓度的增加而增加。第一年试验浓度的平均杀死率都在 90% 以上；第二年最大浓度的杀死率只有 86%，小浓度的杀死率仅为 30% 左右。这主要是第一年天气较干旱，药效作用高，而第二年由于

降水特别多，晴天少，造成土壤湿度增大，喷药后醉马草对草甘膦的吸收较差，而很大一部分药喷洒后被雨水冲刷到土壤上，很快被土壤分解了，失去了应有的药效。在正常年份一般以 1：150、1：200 加洗衣粉溶液为宜。第二年 4 月测定除当年没有杀死的株丛外，死亡株丛没有返活。因此草甘膦是清除醉马草较理想的一种化学药物。

2. 精稳杀得

喷药一周后醉马草反映不明显，15 天后叶片内卷，地上部分呈枯萎状，一个月测定杀死率见表 17－2。

从表 17－2 看出，用精稳杀得溶液处理后的醉马草的株丛死亡率最高只有 62%，其他的都在 50% 以下，而第二年浓度增大，但死亡率还是很低，这主要是降水造成的一个原因。而第一年造成死亡率低的原因，我们认为醉马草为多年生疏丛性禾草，而精稳杀得喷药后多集中在醉马草的生长点上，造成生长点先死，其他部分相继死亡。当地上部分死亡后，醉马草的地下部分没有被杀死，这样造成从根部处又分蘖出新的株丛，因而造成杀死率很低。第二年 4 月测定精稳杀得试验区的醉马草株丛的返活率高达 85% 以上。因此不能采用精稳杀得来清除醉马草。

表 17－2　不同浓度的精稳杀得处理醉马草杀死率测定

年份	浓度级别	小区株丛数	喷药后小区死亡株丛数	杀死率%
第一年	1：360	73	34	46.58
	1：450	45	28	62.2
	1：600	77	31	40.3
	1：900	53	28	53.3
第二年	1：75			
	1：100			
	1：200			
	1：300			

3. 克芜踪

醉马草使用克芜踪喷洒后，3 天就有明显的反应，主要表现为枯萎叶片内卷，地上绿色部分呈棕色，5 天后呈棕黄色。喷药一个月测定克芜踪的杀死率见表 17－3。

从表 17 – 3 可以看出，克芜踪二年所使用的浓度杀死率极低，根据我们观察，克芜踪只能杀死植物的绿色部分，而植物的根部没有死，还可从根部分蘖出新的株丛，还有虽然杀死绿色部分，而醉马草的生长点包在叶鞘里，因而生长点未死，这样造成醉马草的返活率较高，它对一年生绿色植物有较强的杀灭力。

表 17 – 3　不同浓度的克芜踪处理醉马草杀死率测定

年份	浓度级别	小区株丛数	喷药后小区死亡株丛数	杀死率%
第一年	1∶360	73	34	46.58
	1∶450	45	28	62.2
	1∶600	77	31	40.3
	1∶900	53	28	53.3
第一年	1∶75			
	1∶100			
	1∶200			
	1∶300			

通过以上 3 种不同的化学药剂对比试验证明，从杀死率来看草甘膦为最佳，在正常年分平均杀死率都在 90% 以上，是一种清除醉马草较理想的一种化学药剂，特别以小浓度的为宜，因它具有用量少、成本低、杀死率高的优点。

喷洒不同的化学药剂对其他草本植物也有一定的杀死率，如喷洒草甘膦对除醉马草以外的其他禾本科、莎草科植物杀死率极高，当年全部死亡，第二年很少见。对杂类草当年杀死率也较高，但有几种植物对它反应不太敏感如蒲公英，委陵菜、天兰苜蓿、自三叶等，喷药一个月后可恢复生长。精稳杀得、克芜踪喷洒后，对其他多年生禾本科、莎草科植物杀死率不大，当年还能很好的生长，但克芜踪对双子叶植物杀死率极高，当年双子叶植物全部死亡，第二年有些在土壤中的种子才能萌发生长。

二、机械翻耕清除醉马草

机械翻耕醉马草试验在阿什里乡阿什里村村部前平坦的地形上进行，翻耕时间在醉马草返青及分蘖前进行。利用轮式 55 拖拉机，翻耕深度在 20 ~ 30cm。因 98% 醉马草种子都集中在 0 ~ 5cm 土层中，这一土层中的醉马草的种子发芽率高达 80% 以上，但通过我们的试验证明，7cm 土层以下的种子基本上失去发芽能力。因此翻耕深度必须达到20cm以下，翻耕后要对地面进行处理，然后进行重建植被（建立人工草地），这样可以全面有效的清除掉醉马草。机械翻耕必须在地形平坦、坡度小的地段进行。翻耕后建立的人工草地平均干草达到300kg/亩以上，取得了较好的经济效益和社会效益。

三、人工挖除醉马草

人工挖除醉马草是一项极费工又费力的工作。采取了草地长期有偿分户承包，大围栏与小围栏相结合，把分户承包围栏草地内的醉马草全部利用人工挖除。然后在挖除的地方进行人工补播一年生或多年生优良牧草，通过人工挖除和补播优良牧草，有效地控制醉马草的再生。根据测定，醉马草挖除后可食牧草和优良牧草的盖度由原来的25%～40%（不含醉马草），恢复到50%～60%，第二年提高到70%～80%，而醉马草在草地中几乎看不见。通过挖除和补播，草地植被组成成分也发生了明显的变化，由原来以醉马草为主的草地，变成了以早熟禾、洽草等可食牧草为主的草地，人工补播的优良牧草生长旺盛，平均高度达到60～80cm。人工挖除和补播后的醉马草量由原来的平均亩产鲜草23kg（不含醉马草），增加到第一年的亩产鲜草500～700kg，第二年的800～1 000kg，平均每亩增加鲜草21倍以上。人工挖除醉马草后补播优良牧草，采用围栏保护，虽然费工费力耗资金，但它更有效地控制了醉马草的再生和传播，所获得的经济效益与社会效益也是比较客观的。

第三节　清除醉马草的效益分析

一、经济效益

（一）化学药剂清除醉马草的经济效益

化学清除醉马草平均每亩投资13.3元，清除当年每亩可收获干草30kg，第二年平均每亩收获干草最低60kg，越往后增产牧草越多。

（二）人工挖除醉马草及补播牧草的经济效益

人工挖除醉马草补播牧草平均每亩投资15.2元，挖除补播第一年平均每亩收干草150kg（含人工补播牧草），人工挖除醉马草补播优良牧草一年可收回全部投资成本。

因此不管是化学药剂清除和人工挖除其经济效益都是比较可观的。

二、社会效益与生态效益

醉马草清除后有效地控制了其蔓延和污染，增加了草地的有效利用面积，提高了可食牧草的产量，控制了草地的退化，促进了畜牧业稳定高产优质的发展，因此这项工作具有较高的社会效益和生态效益。

第四节　体　会

一、广泛宣传提高广大牧民、干部对清除醉马草的认识

要根除醉马草，就必须充分发动牧区的广大牧民，使他们深刻认识到醉马草对畜牧业生产的危害，调动广大牧民消灭醉马草的积极性和主动性，使他们真正认识到清除醉马草是造富子孙后代的大事。

二、化学药剂清除醉马草应选择内吸性、高效、低毒的药剂

因醉马草属多年生疏丛型草本植物，内吸性的药剂喷洒在绿色部分上，通过光合作用传导到地下根部，使地下根部首先死亡，致使地面上部死亡。但也有内吸性药不传到地下根部，而在植物的生长点集中后，致使生长点死亡，这药剂不能致使根部死亡，它还可以从根部处分蘖出新的幼苗，因此这种药剂不能选用，但更不能选用触杀性的药剂来清除醉马草。就目前来说，根据试验和有关资料介绍化学药剂清除醉马草，以草甘膦为最佳。草甘膦浓度为含10%的草甘膦水剂，每亩为草甘膦0.75kg十洗衣粉200g为宜，含3%的草甘膦水剂每亩为草甘膦0.2kg十洗衣粉200g为宜。

利用化学药剂清除醉马草应在阳光充足，地面和空气温度较高时进行喷洒，喷药后24小时内不下雨，否则降低其药性，也就是黏附在醉马草绿色部分上的药剂还没有被醉马草吸收，下雨把药剂冲掉被土壤很快分解，失去药剂应有的作用，因此阳光充足温度较高时，喷药后很快被醉马草吸收，传到根部后，起到杀死醉马草的作用。

喷药最佳时期，根据试验表明，应在醉马草孕穗期和抽稳初期进行，因这时期醉马草的分蘖期已结束，分蘖芽也已全部出土，这一时期喷药使全部株丛受

药，灭效率达 90% 以上，而在拔节期喷药灭效率只有 70% 左右，这主要是拔节期部分蘖芽没有完全出土，这样造成喷药后出现较多醉马草小丛，因此喷药最佳时期应在醉马草孕穗和抽穗初期进行。

醉马草的种子量较大，落入土壤后出于老株丛醉马草的影响种子萌发机会较小，而老株丛以外的种子萌发成活率较高。但当喷药杀死老株丛后，给土壤中的醉马草种子创造了生长发育的机会。根据观察和测定，喷药区两个月后地面上出现新的醉马草幼苗，而且每平方米高达 3 000多株，当年幼苗可达 10cm 以上，我们用 1：200 浓度的草甘膦 + 皂粉，在 9 月中旬进行第二次喷洒，到第二年五月测定，试验区内几乎没有一株醉马草，但其他植被也相应消失，而仅有的几种植物有蒲公英、天兰苜蓿、扁蓄等，这主要是土壤中的种子正萌发而形成的。因此，一年内两次喷药基本上可以根除醉马草。

三、清除醉马草应采用综合措施

单一措施虽然可以清除醉马草，但不能达到根除，特别是化学药剂清除。清除醉马草应首先把有醉马草的草地承包到户，采用谁投资清除醉马草，谁使用草地的原则，充分调动广大牧民清除醉马草的积极性。不管采用什么方法清除醉马草都应选用围栏（土、石、刺、网围栏）加以保护措施，然后在围栏内进行化学清除、人工挖除、机械翻耕等方法，否则前功尽弃，加快清除醉马草的速度，在较短的时间内获得较高经济收益和社会效益，清除醉马草还应同其他草地改良措施相结合，如化学清除、人工挖除后补播优良牧草、灌溉、施肥等措施结合进行。通过综合改良措施，促进天然草地上优良牧草和可食牧草较快生长，以抑制醉马草的生长发育，最终达到清除醉马草蔓延和彻底清除的目的。

第五节　存在的问题与醉马草的开发利用

一、存在的问题

1. 清除醉马草只停留在常规试验上，只注意防治的效果。面对醉马草的毒性物质和牲畜的中毒机理上的研究还是个空白，应加强这方面的研究，摸清醉马草的毒性物质，采用相应的生物防除方法。

2. 由于醉马草的种子产量高，这给清除带来较大的困难。

3. 牧民文化素质低，化学药剂清除时，对施用药剂和黏着剂量不能掌握，甚至不放黏着剂。

二、醉马草的开发利用

1. 出于醉马草的毒性较大，给畜牧业带来危害，但要利废为宝，通过霉素的研究，分离出毒性物质应用在医学上，应加强在这方面的研究。

2. 通过毒素的分离，掌握其毒性物质，再加之醉马草的粗蛋白含量很高，因此研究利用青贮时加其他抑制醉马草毒性物质的化学药剂分解其毒素，达到通过青贮把醉马草利用到畜牧业生产中。

第十八章　天山北坡中山带草地施肥示范

施肥在农业生产中历史长，且较普遍，但在牧草生产中大面积应用还较少。在天山北坡中山带昌吉市阿什里哈萨克民族乡阿什里村天然草地开展了施肥技术示范，实践证明，施肥对促进牧草增产有显著的作用，并为牧业防灾抗灾，建立高产、优质、高效草地提供了一项经济有效的技术措施，为更大规模地推广施肥技术积累了成熟的经验。

昌吉市天然草地面积大，类型多，牧草种类丰富，由于历史和现实等方面的原因，致使草地资源遭到不同程度的破坏，生态系统失调，草地退化面积在逐年增加。由于饲草缺乏，每年被动采取抗灾保畜应急补救措施，花费大量的人力、财力，物力，给管理和生产部门及牧民群众带来沉重的负担，采取草地施肥技术可增加饲草来源，有助予缓解目前牧业生产中严重存在的草畜矛盾，是一项增产快，效益高，行之有效的增产增收措施。

第一节　自然条件和应用方法

示范区在昌吉市阿什里哈萨克民族乡，处于天山北坡中段与东段交错地带天格尔峰脚下中山带，海拔 1 800～2 100m，年平均气温 2.1℃，全年降水量 400～500mm，无霜期 120 天/年，气候冬暖夏凉，属于逆温带。土壤为山地草甸土，有机质含量 13.5%，pH 值为 7.0，含氮 0.81%。施肥区的草地类型为山地草甸，牧草种类以中生杂类草、中生禾草为主。

示范使用的肥料种类为氮肥，施用方式为下雨前追施，追施时间是在牧草拔节期或初花期，将氮肥均匀地撒在草地上，通过降水溶解，渗漏在牧草根部被吸收，施肥量每亩 5kg、10kg、15kg 不等。

第二节　示范面积与效果

一、施肥的草地类型与面积

施肥草地类型为天然草地，以山地草甸类型为主，牧草组成以中生杂类草和禾草占优势，示范施肥面积 150 亩，详见表 18－1。

表 18－1　施肥示范面积统计

示范区序号	地点	种类及施肥量（kg/亩）	示范面积（亩）
1	阿什里村	氮肥 5	50
2	阿什里村	氮肥 10	50
3	阿什里村	氮肥 15	50
合计			150

二、施肥效果

（一）增加牧草产量

天然割草地追施氮肥，干草产量为 223. 7～307. 5kg/亩，对照区干草产量为 198kg/亩，每亩增产干草 25. 7～109. 5kg，增产率为 13%～55. 3%；示范区通过施肥增收干草 10 010kg，详见表 18－2。

表 18－2　草地施肥增产效果

示范区序号	示范面积（亩）	示范区干草产量（kg/亩）	对照区干草产量（kg/亩）	增产干草（kg/亩）	增产（%）	合计增产干草（kg）
1	50	223. 7	198	25. 7	13	1 285
2	50	263	198	65	33	3 250
3	50	307. 5	198	109. 5	55. 3	5 475
合计	150					10 010

（二）提高草地生产的经济效益

根据农业部颁发的经济效益计算公式，项目区草地示范施肥面积 150 亩，用肥量 1 500kg，施肥投入 2 400元，牧草增产值 10 010元，投入与产出比为 1：4. 17（详见表 18 –3）。

表 18 –3　草地施肥经济效益计算

示范区序号	施肥面积（亩）	投入		产量		投入与产出比
		用肥量（kg）	施肥投入（元）	合计增产干草（kg）	牧草增产值（元）	
1	50	250	400	1 285	1 285	1：3. 21
2	50	500	800	3 250	3 250	1：4. 06
3	50	750	1 200	5 475	5 475	1：4. 56
	150	1 500	2 400	10 010	10 010	1：4. 17

（三）生态和社会效益

草地施肥除能增加牧草产量，提高牧民的收益外，还具有维持和提高土壤有机质含量，减轻风蚀和水土流失危害，维护和改善草地生态环境等重要作用。通过施肥提高了草地载畜量，如以 1 个标准畜日食干草 2kg，冬春舍饲 4 个月，每个标准畜越冬渡春需干草 240kg 计算，示范区新增于草 10 010kg，可解决 42 个标准畜的冬春舍饲问题。按施氮肥平均增产干草 66. 73kg/亩，每施氮肥 3. 6 亩可解决 1 个标准畜的冷季舍饲问题，充分证明其社会效益是明显的。

第三节　结论与问题

1. 通过施肥示范，项目区直接增产干草 10 010kg，平均每亩增产干草 66. 73kg，获得了明显的增产效果，取得了较好的经济效益。

2. 由于牧区经济状况落后，科技意识淡薄靠课题投资施肥面积 150 亩，仅仅起到示范作用，更大面积的施肥推广就目前而言还处于等、靠、要的依赖状况。

第十九章　新疆天山北坡草畜平衡模式

第一节　试验示范区概况

一、试验示范区概况

新疆天山北坡草畜平衡试验示范区选择在新疆昌吉市阿什里乡，属于一个以草地畜牧业为主体的纯牧业乡。阿什里乡位于天山中段北麓，地理位置为 E86°25′~87°26′，N43°14′~45°30′，海拔高度在 450~3 400m。整个地势呈南高北低阶梯之势，南北长 196. 86km，东西宽 23. 64km。地形分南部山区暖季放牧区，中部平原人工饲草料生产与定居点冷季舍饲区，北部平原土质、沙质荒漠草地禁牧区 3 个区域。山地按海拔高度可分为高山区（2 800~3 400m），中山区（1 800~2 800m）和低山区（900~1 800m）；平原区主要指山前洪积—冲积扇和洪积—冲积平原区（海拔 450~900m），地势平坦开阔；沙漠区主要由第四纪冲积性风化作用形成的风积沙丘组成（海拔 450~530m）。辖区总面积 3 000km^2，可利用天然草地 320 万亩，按草地类型划分，自南向北、自高向低草地的垂直分布规律为高寒草甸—山地草甸—山地草甸草原—山地草原—山地荒漠草原—山地草原化荒漠—山地荒漠—平原荒漠 8 个类；按季节草场划分有夏牧场、春秋牧场、冬牧场。全乡有可耕地 3. 5 万亩。7 个村民委员会，总户数 2 804户 9 811人，其中牧业户数 2 249户 8 400人，由哈萨克、回、维吾尔、汉等 8 个民族组成，其中哈萨克民族占 95% 以上。近几年来，阿什里乡结合社会主义新农村建设，建成阿魏滩牧民定居点，累计定居牧民 1 605户 6 360人，定居比例已达到 71. 4%。经过十几年的建设，定居点实现了“三通、四有、五配套”，已成为阿什里乡政治经济文化中心。2011 年全乡各类牲畜存栏 127 418头（只），其中，牛 12 513头，马 7 226匹，骆驼 677 峰，绵羊 89 767只，山羊 17 235只。年产肉 7 035t，年产各类毛绒2 470t，年产牛奶23 180t，年产各类皮张8 140张。

二、试验示范户草地概况

试验示范户的草地由春秋场、夏场、冬场3部分组成，草地总面积4 693亩。

春秋场分布在天山北坡低山带，是同一处草场在一年中分春、秋两季利用，利用时间4个月（春季2个月，秋季2个月）。地理位置为E86°58′8.5″~86°59′8.2″，N43°51′5.8″~43°51′30″，海拔1 200~1 300m。属于山地草原化荒漠草地，植被总盖度为55%~60%，草地优势牧草伊犁绢蒿、短柱苔草，主要伴生植物有角果藜、一年生猪毛菜、兔儿条、羊茅等。春秋场围栏面积为2 435亩，其中试验地分小区围栏850亩。

夏场分布在天山北坡中山带，属于典型的山地草甸草地，以禾草、细果苔草、杂类草为主。利用天数一般为90天/年（6月1日至8月30日）。地理位置为E 86°42′21″~86°42′41″，N 43°35′43″~43°35′56″，海拔2 100~2 200m。草地植物种类主要有梯牧草、鹅观草、洽草、早熟禾、针茅、赖草、细果苔草、老鹳草、糙苏、萎蒌菜、火绒草、米奴草、飞蓬、龙胆草等，植被总盖度90%。夏场围栏面积750亩，其中，试验地分小区围栏220亩。夏场全年降水量较大，气候凉爽。

冬场分布在天山北麓冲积平原和古尔班通古特沙漠。气候干旱，降水量少，蒸发量大。平原土质荒漠放牧场分布在中部平原区，草地组成植物以盐柴类半灌木、一年生草本为主，建群植物有琵琶柴、粗枝猪毛菜，主要伴生植物有叉毛蓬，假木贼、梭梭、多枝柽柳、角果藜、盐生草等；平原沙质荒漠放牧场分布在北沙漠（古尔班通古特沙漠区），多为固定和半固定沙丘类型，草地植物组成以小半乔木、蒿类半灌木、一年生草本为主，建群植物有白梭梭、沙蒿、一年生草本，主要伴生植物有对节刺、长刺猪毛菜、沙米、角果藜、膜果麻黄、白皮沙拐枣、地白蒿、囊果苔草、羽状三芒草等。冬场可利用产草量低，草场严重缺水，生产放牧条件很差，草地生态环境脆弱，冬场已全部作为荒漠草地类自然保护区实行了永久性禁牧，禁牧面积1 508亩。

第二节　新疆天山北坡草地畜牧业发展面临的问题

一、靠天养畜，四季游牧为典型特征的自然经济生产方式还没有改变

新疆天山北坡从地貌单元来看有沙漠、平原绿洲、山地，草地类型的分布具有从平原荒漠草地—山地荒漠草地—山地草原化荒漠草地—山地荒漠草原草地—山地草原草地—山地草甸草原草地—山地草甸草地—高寒草甸草地类的典型垂直地带性分布规律。主要问题是牧草产量的季节不平衡、年度不平衡和水系分布不匀等方面。多年来，靠天养畜，加以人口压力加大，致使超载过牧普遍，草畜矛盾日益尖锐，草地退化严重，灾害频繁，畜产品生产和效益低下，根本原因是受传统草地畜牧业靠天养畜、四季游牧为典型特征的自然经济生产方式的束缚，直接影响到草地资源的高效持续利用，制约着地区经济的迅速发展。

二、人地矛盾、人畜矛盾、畜草矛盾突出

天山北坡区域是新疆人口密度大、牲畜多、经济最为活跃的区域。长期以来，由于对草地重利用、轻保护、重索取、轻投入，过分强调草地的经济功能，单纯追求牲畜数量的增加，严重超载过牧，加之受人为破坏，频繁自然灾害以及基础设施薄弱等因素影响，该区有90%以上可利用草地出现不同程度的退化、沙化、盐碱化，直接威胁到草地的生态安全和可持续发展。人地矛盾、人畜矛盾、草畜矛盾日益突出，牧区经济社会发展受到严重制约。当前，在加快畜牧业发展，增加农牧民收入的同时，也同时面临着草地资源匮乏和生态恶化的压力。

三、舍饲圈养条件不具备，牧民定居配套设施不完善

天山北坡区域从20世纪80年代中期开始实施游牧民定居，其目的是想通过建设集中定居点、开发草料地、通水、通电、通路等基础设施建设，使牧区畜牧业生产具有稳定的生产基地，能有效抵御自然灾害，促进游牧民逐步转变生产生活方式。然而，到目前为止真正达到“三通、四有、五配套”的定居标准牧民只占1/3左右。牧民定居整体水平不高，生产生活设施不完善，很多牧民定而不居，生产方式没有得到根本改变。

四、基础设施投入不足，以水利为基础的饲草料基地建设严重滞后

新疆属西部欠发达地区，财力基础薄弱，地方自有发展资金严重匮乏，各项事业的发展要依靠国家的大力支持和帮助。据统计，“九五”和“十五”期间国家在草地建设方面投入资金主要用于草地生态环境保护与建设，而在牧区水利、饲草料地建设、棚圈等基础建设方面投入很少。人工饲草料基地建设是退牧还草工程的替代资源，是牧民定居的主要配套工程。尽管这几年加强了人工饲草料基地的建设，但仍然是建设面积小，与草地畜牧业发展对饲草料的需求差距很大，是新疆天山北坡草地畜牧业生产方式落后、效益不高的主要原因。

第三节　新疆天山北坡草畜平衡模式研究与建立

一、天山北坡春秋场春季细毛羊放牧压试验示范

从植物群落数量特征整体来看，春秋场春季零放牧处理的数量特征均在大幅度上升，适度放牧后群落数量特征中没有下降的指标，重度放牧后仅是群落盖度在下降；春秋场春季各处理地下0~30cm生物量在放牧后与放牧前相比，略有所增加，但增加幅度甚小。不同放牧处理土壤含水量的变化趋势相同，土壤含水量主要受降水量的影响较大。不同放牧处理对土壤养分变化的影响变化趋势基本一致，表明不同放牧处理对土壤养分含量影响不大，全钾表现为放牧前<放牧后。各处理容重表现为放牧前>放牧后，各处理间差异不显著，重度放牧前后容重的下降明显大于零放牧和适度放牧，重度放牧前后土壤容重的下降，说明重度放牧对土壤容重的影响较大；适度放牧和重度放牧试验羊的体重均有所上升，且重度放牧试验羊的体重大于适度放牧，且差异极显著（$P<0.01$），基于对草地资源的保护和可持续利用的原则，提出春秋场春季应选择适度放牧，既不改变试验羊体重的增加，同时兼顾草地持续利用。

二、天山北坡夏场细毛羊放牧压试验示范

随着放牧时间的推移，适度放牧和重度放牧的群落高度和地上生物量均大幅度下降，放牧前后差异极显著（$P<0.01$）；放牧对地下生物量影响0~10cm大于10~20cm和20~30cm。草地土壤含水量受不同牧压梯度的影响甚小。适度放

牧前后土壤容重差异不显著，重度放牧前后差异显著，放牧后，10～20cm 的变化较为明显。土壤 pH 值在不同放牧压的放牧前和放牧后差异均不显著，放牧压对其影响较小。在夏场草地土壤全氮、全磷和全钾及有机质的含量在不同牧压间和放牧前后差异都不显著。由此分析，短期重牧对土壤养分影响不明显；适度放牧前后和重度放牧前后细毛羊的体重变化均达到极显著水平（$P<0.01$）。综合不同牧压下草地植被、土壤物理结构、土壤养分变化以及放牧羊体重变化，理想的利用方式为适度放牧。

三、天山北坡春秋场秋季细毛羊放牧压试验示范

适度放牧前后伊犁绢蒿和短柱苔草地上生物量变化差异不显著，重度放牧后伊犁绢蒿和短柱苔草地上生物量变化差异均达到极显著水平；草地土壤含水量受不同牧压梯度的影响甚小，主要受降水量的影响。重度放牧对草地土壤容重影响较大，使草地 10～20cm 的土壤容重明显增加，使草地土壤变得紧实，这初步表明重度放牧不利于草地植被地下根系的生长和发育。土壤 pH 值在不同放牧压的放牧前和放牧后差异均不显著，这表明同一类型的土壤的 pH 值保持稳定状态，短期重度放牧对其影响不大。土壤含水量主要受控于月降水量，与不同的放牧压关系不大。草地土壤全氮、全磷和全钾及有机质的含量变化在不同牧压间差异都不显著。

适度牧压下放牧羊牧食路线相对平缓简单，而重度牧压下放牧羊牧食路线曲折复杂；无论适度放牧还是重度放牧，放牧后的放牧羊体重下降，且放牧前后差异极显著（$P<0.01$），不同牧压间差异不显著；综上所述，以伊犁绢蒿和短柱苔草为优势种的山地草原化荒漠秋季不适宜过度利用，相对理想的利用方式为适度放牧。

四、天山北坡细毛羊冷季舍饲试验示范

通过对比分析舍饲试验羊的体重，成年细毛羊在冷季舍饲第一个月的增重变化不大，第二个月开始变化明显，根据不同处理的成本和效果分析，选择日饲喂青贮玉米 2 500g、玉米 200g、麦衣子 200g、油渣 50g、麸皮 50g、麦粒 50g 的饲喂标准，即可满足细毛羊越冬渡春的营养需要，又达到降低饲养成本。

五、天山北坡试验示范区草地承载力监测

利用扣笼法对春秋场、夏场可食牧草的采食量及采食规律进行分析。根据扣笼内外的生物量变化情况，计算出春秋场的山地草原化荒漠日采食量为4.60kg/只，夏场的山地草甸日采食量为6.00kg/只。

六、天山北坡家畜生产结构优化技术示范

到2015年年底，示范户牲畜存栏调整到252头（只），畜种结构为羊240只，占95.2%；马2匹，占0.8%；牛10头，占4%。牛犊、羔羊（挑选后备母羊剩余部分）和淘汰母羊在秋季全部出栏。

按细毛羊畜群结构调整需要五年计算，示范户细毛羊存栏数量保持在240只，其中生产母羊200只，每年选留后备母羊35只，种公羊保持在5只。细毛羊群的结构为生产母羊占83%，后备母羊占15%，种公羊占2%。在98%的母羊中：1岁母羊占15%，2岁母羊占15%，3岁母羊占14%，4岁母羊占14%，5岁母羊占14%，6岁母羊占13%，7岁母羊占13%（产羔后淘汰出栏）。通过逐年调整优化，形成一个较为规范、具有一定规模以细毛羊专业化生产为主的家庭牧场。

七、天山北坡草地植物群落季节营养物质含量的变化研究

从方差分析结果来看，春季放牧对草地植物粗蛋白和粗脂肪的影响主要集中在放牧后；秋季植物群落粗脂肪含量大于粗蛋白，且秋季放牧后粗蛋白和粗脂肪含量均是重度放牧下最低。夏季放牧前后，粗蛋白和粗脂肪含量均下降。

春季放牧前后，植物群落NDF和ADF含量变化不大，夏季重度放牧对植物群落NDF和ADF含量影响最大，秋季放牧对植物群落的NDF和ADF含量影响不大。

春季重度放牧对植物群落P含量的影响大于对Ca含量的影响，夏季适度放牧对植物群落Ca含量的影响大于对植物群落P含量的影响，秋季植物群落Ca含量极度下降，植物群落P含量表现为适度放牧下增加，但与重度放牧间差异不显著。

八、天山北坡控制放牧利用技术示范

适宜载畜率的确定：在正常年份适宜载畜率为春秋场春季 7.5 只羊/100 亩，夏场 52 只羊/100 亩，春秋场秋季 13 只羊/100 亩。

休牧时间的确定：从春秋两季放牧利用角度考虑，可以选择春季适牧—秋季适牧的放牧方式；若考虑短期休牧，可选择春季适度放牧—秋季休牧或春季休牧—秋季适牧的放牧方式。

禁牧区监测：根据 2009 年至 2012 年四年动态监测数据变化分析，平原沙质荒漠放牧场禁牧区和平原土质荒漠放牧场禁牧区总体变化趋势一致，围栏后比围栏前地上生物量明显增加。

平原沙质荒漠放牧场和平原土质荒漠放牧场由于严重缺水，人烟稀少，鼠害严重，草地生态环境脆弱。以禁牧为主要措施，放弃放牧利用，作为退牧草地，永久禁牧，成为草地生态保护区。

九、天山北坡家庭牧场天然草地与人工饲草料地配置示范

天然草地以草定畜：示范家庭牧场现有可利用天然草地 3 185亩，暖季放牧 214 天。其中，春秋场 2 435亩，春季可利用饲草贮存量（鲜草）121 360.40kg，日食量 4.6kg/（天・只），放牧 60 天，可载畜量 439 个羊单位；夏场 750 亩，可利用饲草贮存量（鲜草）224 550kg，日食量 6kg/（天・只），放牧 90 天，可载畜量 419 个羊单位；春秋场 2 435 亩，秋季可利用饲草贮存量（鲜草）120 164.33kg，日食量 4.6kg/（天・只），放牧 60 天，可载畜量 435 个羊单位。

天然草地畜种畜群结构优化配置：规划到 2015 年家庭牧场家畜最高饲养量自然头数确定为 452 头只，其中，成年马 2 匹，成年牛 10 头，牛犊 4 头，生产母羊 200 只，后备母羊 35 只，种公羊 5 只，羔羊 196 只，折合标准畜 405 个羊单位。与暖季草场平衡，春秋场春季盈 31 个羊单位，夏场盈 11 个羊单位，春秋场秋季盈 30 个羊单位，暖季草场平衡有余。

人工饲草料地以畜定草配置方案：人工饲草料地种植结构既考虑到草料的优质高效，牲畜的营养搭配需要，又要兼顾草田轮作的需要，示范户现有饲草料地面积 51.2 亩，因此设计饲草料种植保持在 50 亩，其余 1.2 亩种植其他经济作物。在饲草料种植面积中，苜蓿 10 亩，占种植面积 20%，干草产量 810kg/亩，年产可利用干草 8 100kg；青贮玉米 35 亩，占种植面积 70%，青贮玉米 5 500kg/亩，

年产可利用青贮玉米 192 500kg；苏丹草 5 亩，占 10%，苏丹草 1 590kg/亩，年产可利用干草 7 950kg；家庭牧场 50 亩人工饲料地年生产干草 16 050kg，青贮玉米 192 500kg。优化后家庭牧场牲畜存栏畜达到 252 头（只），折合 400 个羊单位冷季舍饲 151 天，年需要青贮玉米 181 200kg，通过调整配置年可生产青贮玉米 192 500kg，平衡后余 11 300kg；年需要干草 12 080kg，通过调整配置年生产干草 16 050kg，平衡后余 3 970kg。

十、家庭牧场人工饲草料丰产栽培示范

试验示范种植的青贮玉米 35 亩，亩产青贮玉米 5 500kg，亩生产费用 710 元，自产青贮玉米生产成本仅 0.13 元/kg，自产要比购买青贮玉米每千克低 0.37 元，因此规模化养殖家畜必须建立自己的饲草料生产基地，这样可以节约生产费用，提高养畜的经济效益；

试验示范种植苜蓿 10 亩，亩产苜蓿干草 810kg，亩生产费用 743 元，自产苜蓿生产成本仅 0.92 元/kg，自产要比购买苜蓿每千克低 0.58 元；

试验示范种植苏丹草 5 亩，亩产苏丹草干草 1 590kg，亩生产费用 770 元，自产苏丹草生产成本仅 0.48 元/kg，自产要比购买苏丹草每千克低 0.52 元。

家庭牧场种植青贮玉米、苜蓿和苏丹草用于冷季舍饲，既满足了家畜的需求，同时可大大降低购买饲草投入的生产成本，从而把这部分支出转化为增加的收入，可提高草地畜牧业的经济效益。

十一、天山北坡细毛羊羔羊育肥试验示范

羔羊育肥 6 个月平均体重 38.72kg，同期放牧的羔羊 6 个月平均体重 31.18kg，育肥较放牧羔羊体重增加 7.54kg。育肥羔羊的经济效益高于放牧羔羊，育肥后，羊体重达到屠宰上市的要求，并可根据个体的生长情况，分批上市，屠宰后胴体按 40.0 元/kg 出售（胴体重 20kg），另细毛羊皮可获利 150.0 元，每只羊可收入 950.0 元，减去饲养成本可收入 777.51 元。随母羊进入草地放牧的羔羊，均价为 750.0 元/只，减去放牧成本可收入 684.0 元，舍饲育肥组较放牧组每只多收入 93.51 元。

十二、天山北坡家庭牧场草畜平衡配套技术研究与示范综合效益评价

通过实施草畜平衡研究与示范，家庭总收入由 2009 年的 76 720元，年支出

85 123.5元，年亏8 403.5元；2010年、2011年、2012年课题实施后，示范户经过三年的生产结构调整，牲畜结构逐年优化，经营方式转变，经济收入逐年提高，增幅比例逐年加大，充分说明草畜平衡技术是提高牧民经济收入，扩大生产经营规模的主要措施和有效途径，家庭牧场纯收入分别为51 809.2元、124 439.9元和182 810元，盈利显著增加。通过课题的实施，引导牧户由纯游牧改变为放牧+饲草料种植+舍饲养殖等多种经营方式，不仅使牧户收入增加而且牧户的生产方式发生了转变，对带动周边牧户转变生产方式起到了很好的示范性作用。草畜平衡技术改变了传统的畜牧业生产方式，通过多项技术的整合和单项应用，使当地政府和广大游牧民们找到了发展生产，增加收入的有效方法。同时对于遏制天然草地“退化”势头，全面恢复草地生态功能，从根本上保护和改善了草地生态。

十三、天山北坡中山带退化山地草甸草原补播改良试验研究

从试验效果综合分析，天山北坡中山带台地山地草甸草原类型草地通过补播改良，草地质量从中等提高到优等，质量提高了2个等级；混合牧草主要营养成分粗蛋白由12.44%提高到了15.67%，提高了3.23%；草地产草量由年产鲜草194.67kg/亩增加到714.7kg/亩，补播改良区较对照区增加520.03kg/亩，产草量提高了267%；投入与产出比，补播改良为1：26.05，对照区为1：5.13，补播改良投入与产出远高于对照区。

十四、天山北坡中山带退化山地草甸补播改良试验研究

从试验效果综合分析，天山北坡中山带沟谷山地草甸类型草地通过补播改良，草地质量从中等提高到优等，质量提高了两个等级；混合牧草主要营养成分粗蛋白由13.24%提高到了19.72%，提高了6.48%；草地产草量由年产鲜草724.04kg/亩增加到810.04kg/亩，补播改良区较对照区增加86kg/亩，产草量提高了11.88%；投入与产出比：补播改良为1：25.93，对照区为1：19.07，补播改良区投入与产出高于对照区。

十五、天山北坡醉马草清除试验与示范

根据试验化学药剂清除醉马草，以草甘膦为最佳。草甘膦浓度为含10%的草甘膦水剂，每亩为草甘膦0.75kg十洗衣粉200g为宜，含3%的草甘膦水剂每

亩为草甘膦 0.2kg 十洗衣粉 200g 为宜。化学清除醉马草当年每亩可收获干草 30kg，第二年平均每亩收获干草最低 60kg，越往后增产牧草越多；

人工挖除醉马草补播牧草，挖除补播第一年平均每亩收干草 150kg（含人工补播牧草）。不管是化学药剂清除和人工挖除其经济效益都是比较可观的。

十六、天山北坡中山带草地施肥示范

通过试验，将中山带山地草甸干草产量 198kg/亩作为对照，施尿素 5kg/亩，增加产量 25.7kg/亩，较对照增产 13%，投入与产出比为 1∶3.21；施尿素 10kg/亩，增加产量 65kg/亩，较对照增产 33%，投入与产出比为 1∶4.06；施尿素 15kg/亩，增加产量 109.5kg/亩，较对照增产 55.3%，投入与产出比为 1∶4.56。

十七、配套设施建设（草场围栏、饮水罐、青贮窑、草料储备库、饲草料粉碎机械等）

根据试验的实际需要，投入实施了一系列的配套设施建设。建设试验小区围栏，为划区轮牧控制放牧起到了重要作用；设计并定制了饮水槽和拉水罐，保证了春秋两季羊的正常饮水；并对定居点到春秋场的牧道进行了维修，保证了饲草料和饮用水的拉运牧道畅通；为满足冬季舍饲饲草料贮备和防灾抗灾的需要，在示范户定居点修建了青贮窑和简易草料储备库；为了减少饲草料的浪费，提高饲草料的利用率，配置了小型草料粉碎机 1 台。

第四节　天山北坡示范模式的推广与应用

一、做好总体规划是实现草畜平衡管理的前提

草畜平衡最基本单位是牧户，从户往上涉及管理部门以此为作业组、村、乡、县、地、区，因此，要实施一个区域的草畜平衡首先要明确平衡的范围，以设定的范围做好区域草畜平衡规划，并且不断地对规划进行动态修订，规划要根据牲畜数量的变化做调整，要根据草地面积的减少或增加做调整，从而做到与实际相符合的草畜平衡或是畜草平衡近远期规划。

二、放牧场围栏是控制载畜量的有效措施

新疆天山北坡天然草地分布比较分散，季节利用时间明显，尽管草地已经实行了承包到户，但是草地的进出场时间和放牧牲畜数量都无法进行控制，有必要对季节草场进行以作业组为单位围栏，以工程措施保证对草地载畜量的有效控制。

三、人工饲草料基地建设是实现牲畜冷季舍饲的基本条件，是实现平原荒漠禁牧区“禁得了”的物质保证

天山北坡冬季长达半年左右，最冷时温度达到 -40 ~ -30℃，雪厚 30 ~ 50cm，平原荒漠作为冬牧场放牧利用因为雪大、冷，造成牧民生活极度艰难，并且平原荒漠草地产草量低，每年都因牲畜冷季饥寒交迫越冬损失大，从而迫使政府每年都采取被动的抗灾保畜，耗费大量的人力财力。近几年平原荒漠作为禁牧区实行禁牧，主要是利用国家生态补偿费购买饲草料进行冷季补饲，只能是解决眼前暂时的问题。从长远看应该建立稳定的饲草料基地，满足冷季牲畜舍饲的物质条件，才能保证禁牧区“禁得了”，实现平原荒漠禁牧区永久性禁牧。

四、饮水设施和转场牧道建设是合理利用放牧场的必要条件

天山北坡冷季草场改为暖季利用最大的问题是人畜饮水困难，要推行夏牧场的划区轮牧和春秋场的分段放牧，实现放牧场的合理利用，就必须加强放牧场的饮水设施建设，合理布局饮水点。并且有些边远草场牧道年久失修，已经影响到草场的放牧利用，应该加强边远草场的牧道建设，使有限的草场都能够得到充分合理利用。随着机械化转场规划的实施，天山北坡还应加强主要转场牧道运输车辆通行的道路建设。

五、草地经营流转应适应草地畜牧业专业化、规模化生产的需要

新疆于20世纪80年代推行了牲畜作价归户，90年代又推行了草地分户承包，所有这些牧业生产管理措施的改革都对促进牧业生产发展起到了积极的作用，但是，随着新疆推行的现代畜牧业进程步步深入，现行的一些政策与发展现代畜牧业很不相适应，突出反映在草地的分户承包不适应畜牧业规模化经营，甚至影响到草地的合理利用。以草原法为依据，应有序推行草地的经营流转，把分

户经营的草地逐步转移到家庭牧场、牧业合作社、涉牧企业等，实行草地的连片规模化经营。

六、草地动态监测要为核定草地载畜量推行草地动态管理提供科学依据

近几年国家农业部在天山北坡设立了多处草地动态监测点，但监测的数据很少用在核定草地载畜量中，成了一种形同虚设的工作，与开展此项工作的目的很不相符。因此，在天山北坡增加草地动态监测点，主要的草地类型都应该部设动态监测点，并实行监测常态化，掌握草地年度变化规律，并把草地动态监测与核定草地载畜量结合起来，为推行草地动态管理提供科学依据。

七、有针对性实施退化草地改良是提高草地载畜能力的最佳选择

当前天山北坡草原牧区载畜能力受到天然草地和人工草地生产能力的限制，大部分地、县草地畜牧业的进一步发展普遍受到资源不足的制约。增加人工草地面积由于受水源、土地、资金等条件的影响比较大，发展有一定难度，因此，对退化天然草地采取有针对性的措施，因地制宜地进行改良也是提高载畜能力的有效途径，并且投资少，见效快，值得大面积推广。

八、放牧场合理利用必须强制推行以草定畜和以草配畜管理制度

新疆天山北坡天然草地出现大面积退化，退化面积已经占到该区域草地总面积的90%以上，可利用牧草的产草量下降非常普遍，毒害草蔓延，并且草地退化的趋势局部得到治理，而大面积退化越来越严重，还未得到有效遏制。扭转这种局面必须强制推行以草定畜措施。在天然草地的利用方面近些年有些地方不顾草地条件，盲目发展牛，是本来就放羊的草场改成了放牛，结果使草地载畜能力降低，放牧的牛由于地形、草场条件的不适宜生长发育差，而且还影响牧民收入，因此在推行以草定畜措施的同时，还必须同时考虑以草配畜，从而使草地达到最合理的利用。

九、优化畜群畜种结构，实施牲畜品种改良和育肥技术是提高草地生产水平的有效途径

草地畜牧业生产水平的高低主要受制于饲草料生产保障程度和牲畜品种的优劣，发展现代畜牧业，应在加强饲草料生产的同时，还必须在提高牲畜个体生产

性能方面下工夫，使有限的饲草料资源发挥出最大的经济效益。新疆天山北坡往往都是秋季牲畜下山，冬季育肥出栏传统经营方式。一是天然草地载畜多、压力大；二是出栏牲畜都集中在冬季，畜产品季节供应极不平衡。应推行犊牛、羔羊有计划繁育生产和育肥出栏，既保证新鲜牛羊肉的四季均衡上市，又可提高草地畜牧业的经济效益，同时还可减少非生产畜对草地的放牧压力。

十、畜牧业技术服务需要面向生产提供先进的实用技术，并把推行草畜平衡制度纳入到牧区工作的重要议事日程

在现阶段畜牧业技术人员不足，但很多技术人员又不能直接面向畜牧业生产服务，一些实用技术得不到推广应用。应制定相应的政策鼓励更多地畜牧技术人员面向生产第一线服务，培训更多的牧民掌握科学养畜、科学利用草地，使畜牧技术尽快地转化为生产力。草畜平衡是一个大家都知道的老问题，推行不利主要是管理责任不到位，应该推行县—乡—村—户从上到下逐级落实责任制，把草畜平衡的责任制落实到单位，落实到领导。

第五节　后续研究必要性及设想

一、必要性

（一）气候因素影响

课题正式启动于2010年，由于在课题启动的当年只完成了围栏安装和试验区的本地调查，执行课题内容主要在2011年以后，2012年由于春秋场严重干旱，直接影响春秋场的正常放牧压力试验。

（二）国际上研究惯例

一些草地畜牧业高度发达的国家他们在研究草畜平衡方面微观研究深入，宏观研究系统配套，如澳大利亚和新西兰，他们两国对草地畜牧业生产中推行“以栏管畜、以畜管草、以草定畜、草畜平衡”有较系统的研究和掌握。这些经验对于新疆实施生态优先，舍饲养殖，发展草畜产业具有重要的指导意义。

（三）野外试验设计的完善

本次研究的野外试验设计侧重于重牧、适牧两个处理的放牧压力试验，而重牧放牧压力试验对于研究草畜平衡的实际意义不大，本课题由于受共性试验规定

的试验内容和课题执行时间的限制，适度放牧试验设计的涉及的范围小，得出的结果适宜推广的区域具有一定局限性，而且时间短，获得的结果缺乏足够的说服力，因此有必要对适度放牧试验的范围扩大，进行不同区域、不同季节草场、主要草地类型放牧压力试验。

（四）充分利用已建立的放牧试验平台

新疆天山北坡是新疆重要的草地畜牧业生产基地，在新疆畜牧业中占有举足轻重的作用，充分利用在天山北坡已经建立的放牧试验平台，开展有推广价值、针对性强的研究课题意义重大。

（五）试验示范为国家进一步实施草原生态补偿提供技术支撑

本课题进行系统研究天山北坡草原牧区的一个定居牧民家庭牧场生产、生态、生活，研究涉及范围之广，对于促进畜牧业健康发展、提高牧民收入、遏制天然草地退化起到积极作用，通过试验为天山北坡乃至新疆草地畜牧业做出示范，并为国家进一步实施草原生态补偿提供技术支撑。

二、设想

在前期试验研究的基础上，结合当前当地草地畜牧业生产方面面临的技术问题继续开展试验示范。在放牧压试验方面重点开展夏场和春秋场适度放牧试验研究，以夏牧场分隔围栏为试验平台开展夏牧场划区轮牧；以春秋场围栏为试验平台开展春秋场控制放牧；以定居点基础设施为平台，开展人工饲草料基地种植结构调整与饲草料高产栽培示范；以优化畜群畜种结构，实施家庭牧场细毛羊专业化和规模化生产示范；以改革传统畜牧业生产方式，全面实施牲畜冷季舍饲，非生产母羊和羔羊适时育肥出栏示范；以畜牧业防灾抗灾的需要，开展饲草料加工与储备示范；以草畜平衡为中心，系统研究草畜平衡有关的实用技术组装与生产体系配套。

参考文献

［1］新疆维吾尔自治区畜牧厅. 新疆草地资源及其利用. 乌鲁木齐：新疆科技卫生出版社，1993.

［2］新疆维吾尔自治区统计局. 新疆统计年鉴. 北京：中国统计出版社，2012.